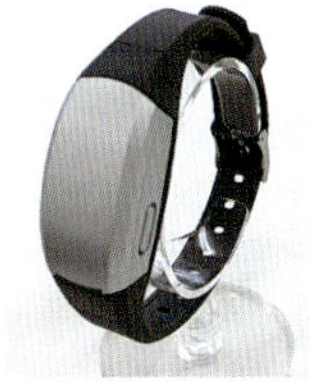

**リストバンド型
ウエアラブルセンサ**

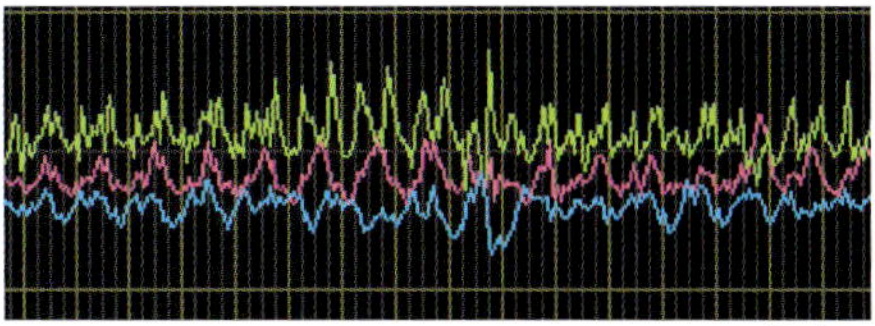

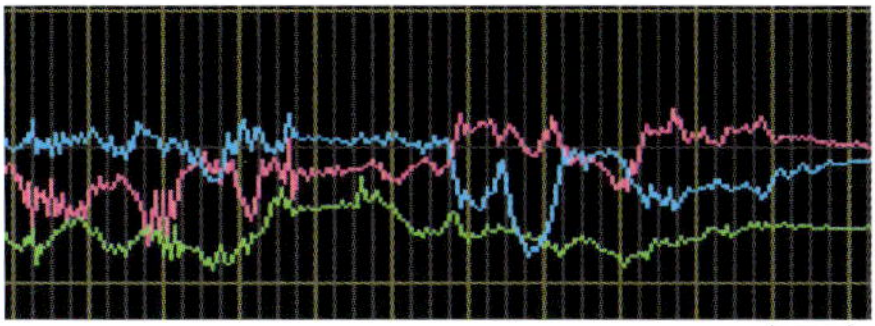

口絵1　リストバンド型ウエアラブルセンサ（ライフ顕微鏡）と計測した3軸加速度の波形。歩行時は2Hz（240回／分）の動き、電子メール作成では0.8Hz（96回／分）の動きが多く見られる。

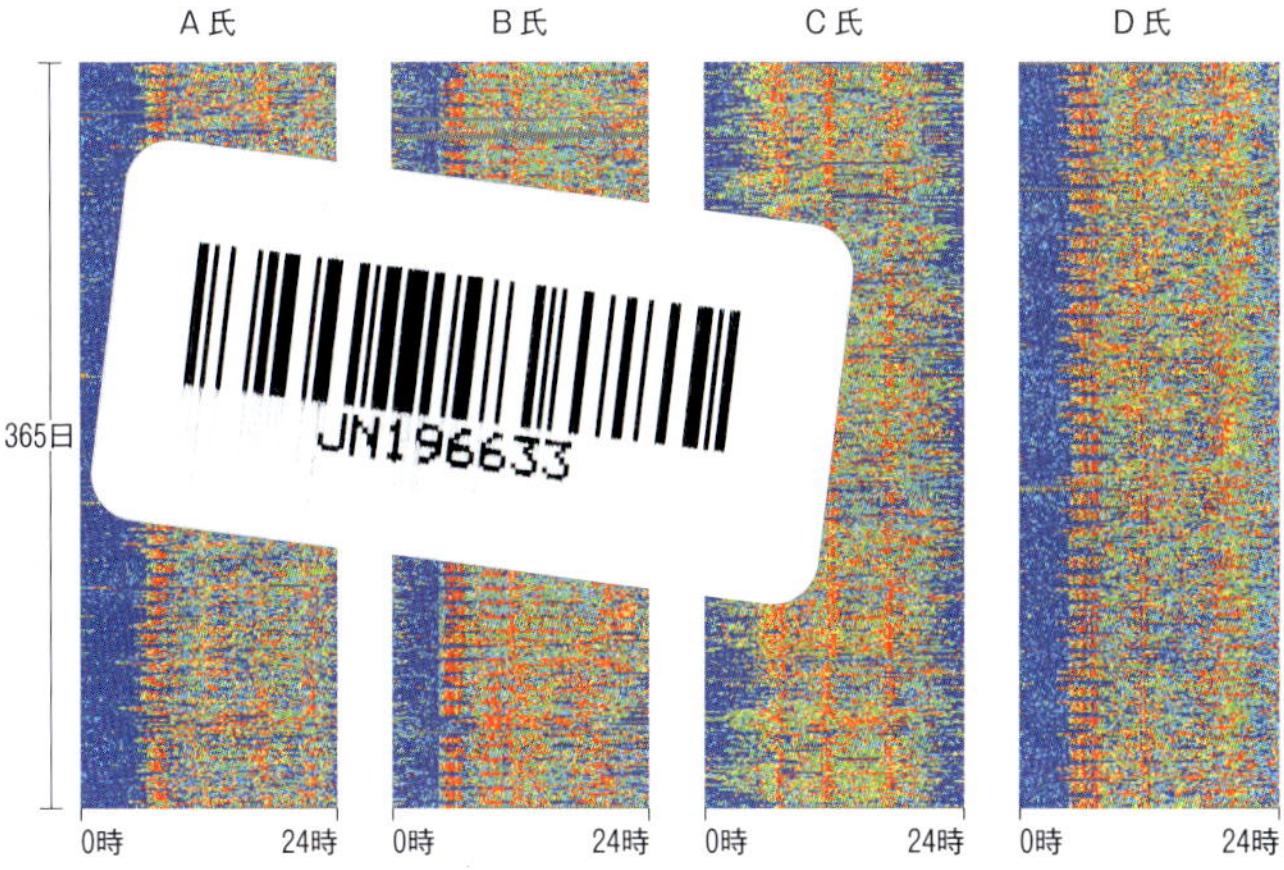

口絵2　ライフタペストリ（4人の1年分）。リストバンド型ウエアラブルセンサで計測した動きの活発さを色で表示した。活発な動きを赤で示し、静止状態を青で示す。日次、週次での規則性が人により大きく異なっていることがよくわかる。

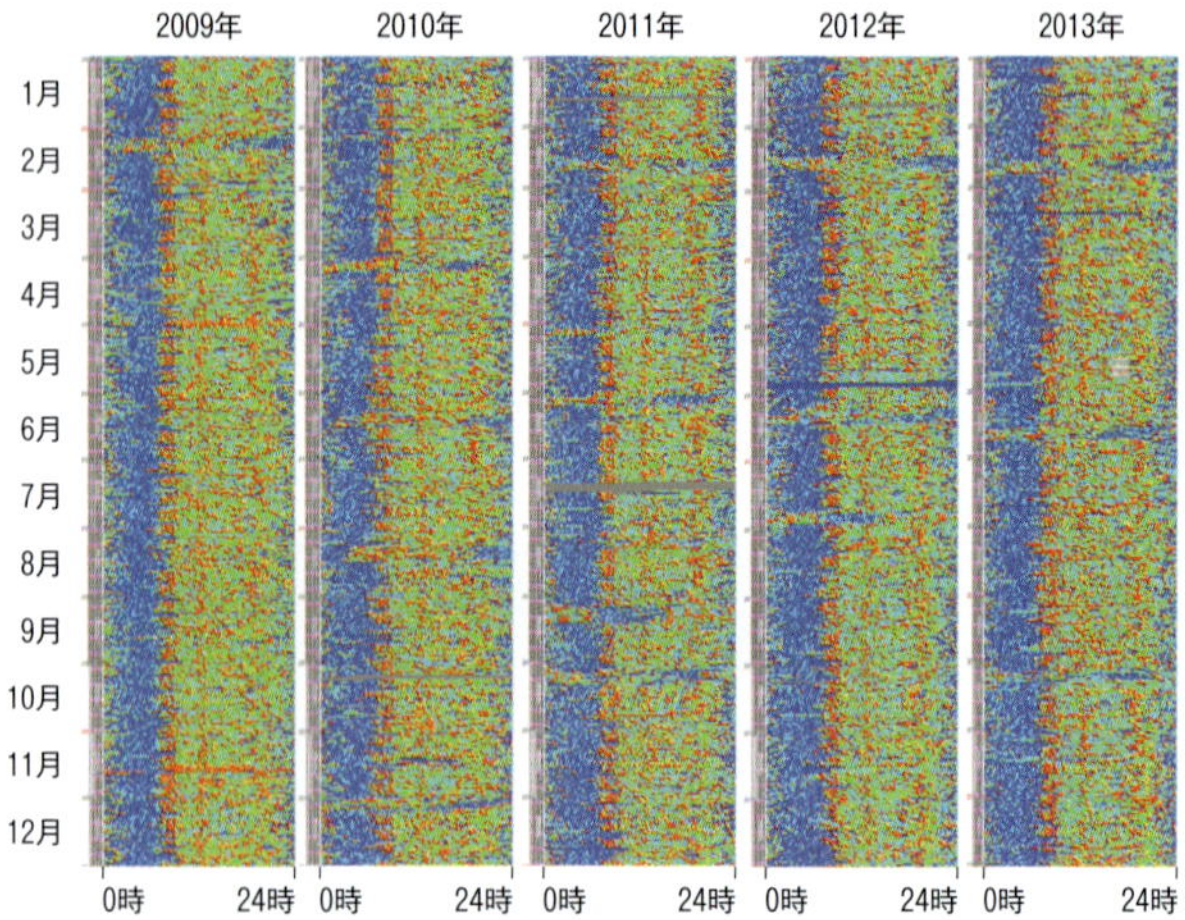

口絵3　ライフタペストリ（著者の5年分）。生活時間帯が大きくずれているところは、海外出張による時差の影響。運動が多かったところ、少なかったところを見ると、そのとき何があったかを思い出すきっかけとなる。

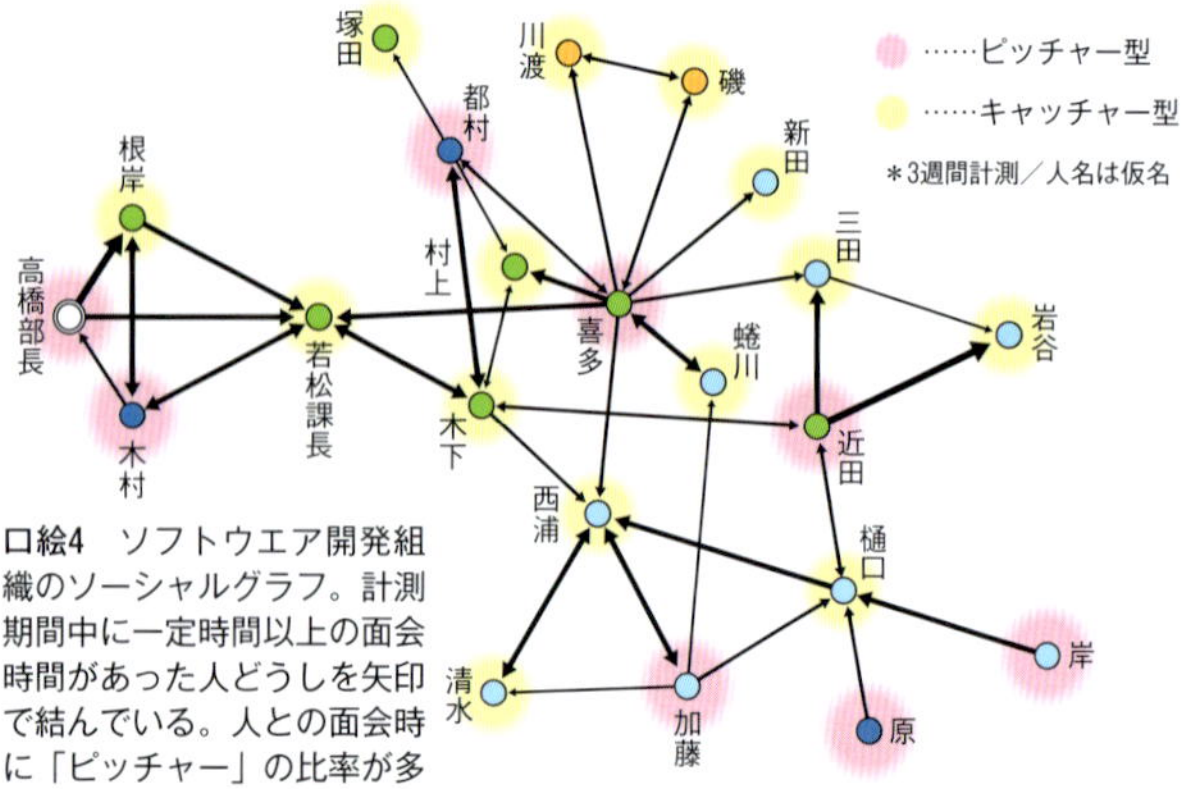

口絵4　ソフトウエア開発組織のソーシャルグラフ。計測期間中に一定時間以上の面会時間があった人どうしを矢印で結んでいる。人との面会時に「ピッチャー」の比率が多い人はピンク、「キャッチャー」の比率が多い人には黄色で示した。

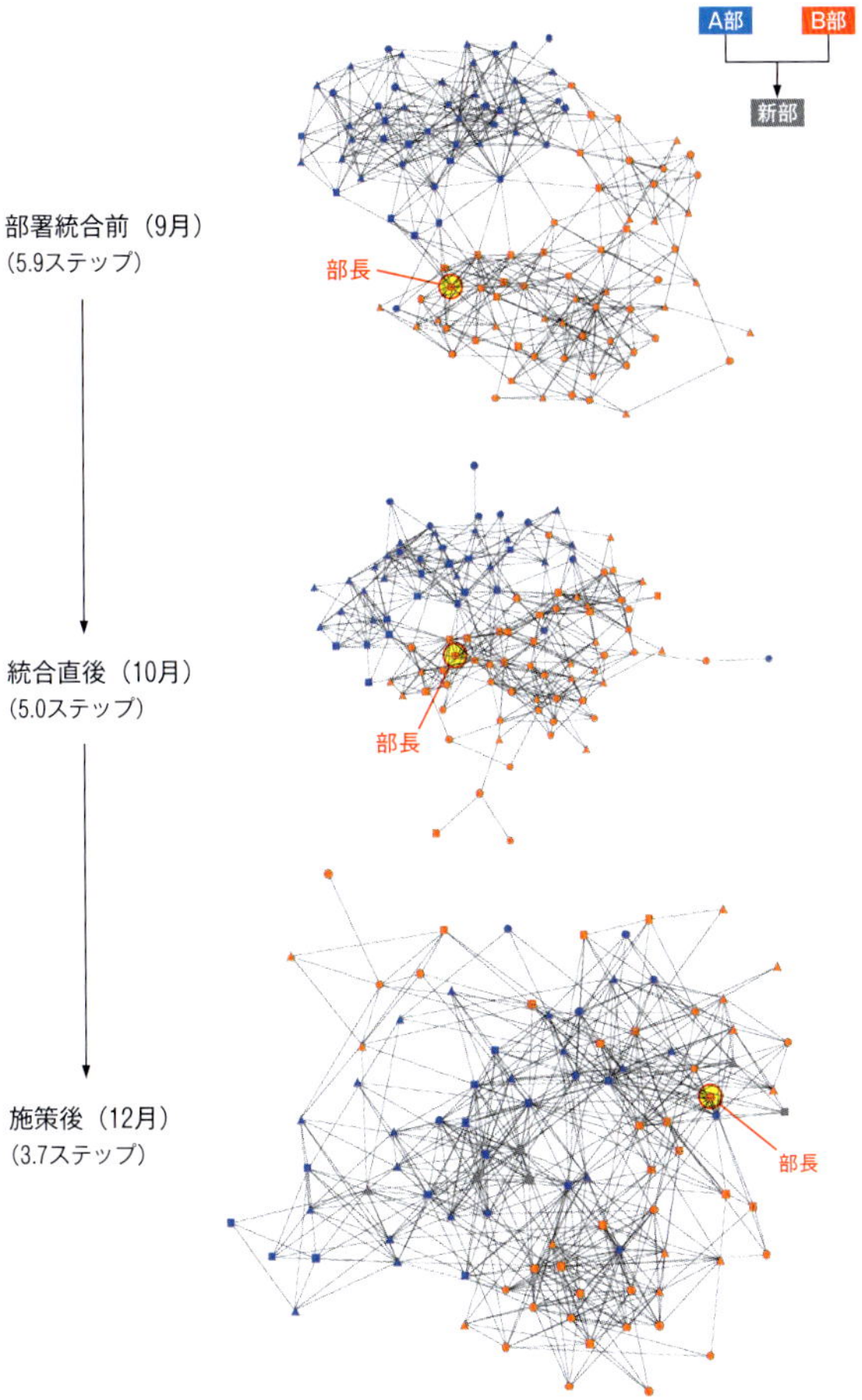

口絵5　2つの組織（A部とB部）の統合前後でのソーシャルグラフ変化。統合のための施策を進めるうちに、クラスターが解消されてグラフが密になり、結合度が上がっていった。部長からメンバー全員へ何ステップで到達できるかの指標も、5.9ステップから3.7ステップに短縮した。

従業員の店内動線（選択した1人の従業員の1日分）

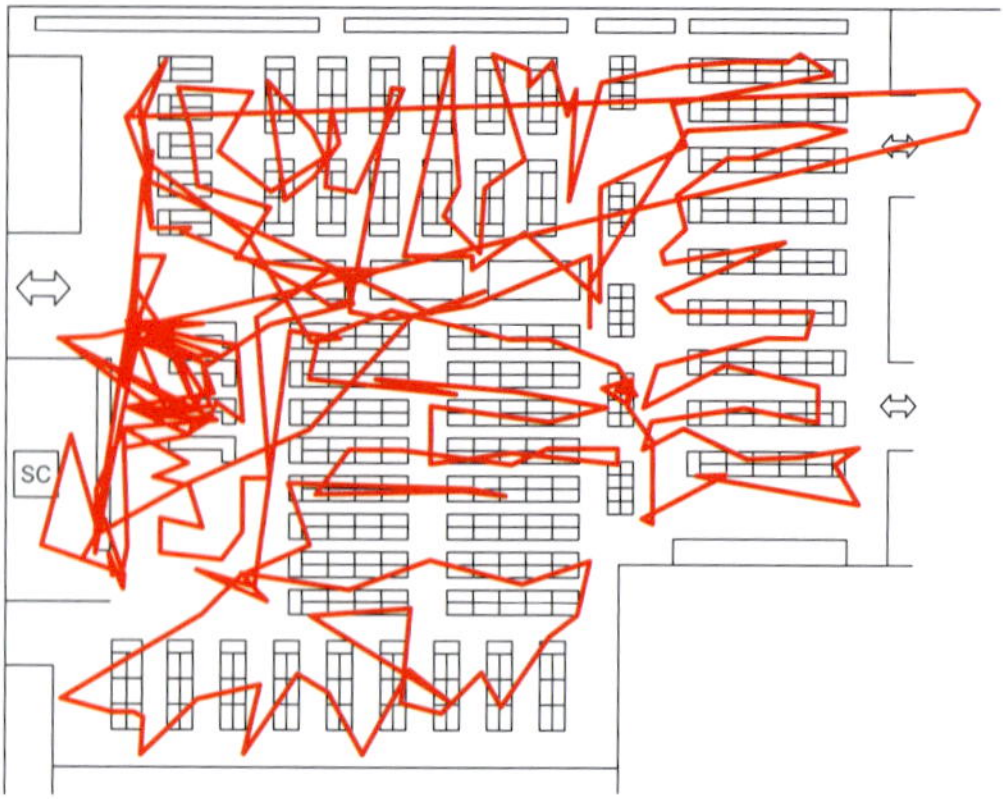

入店から1分8秒後の顧客の店内位置（黄色の印）と選択した3人の店内の動線

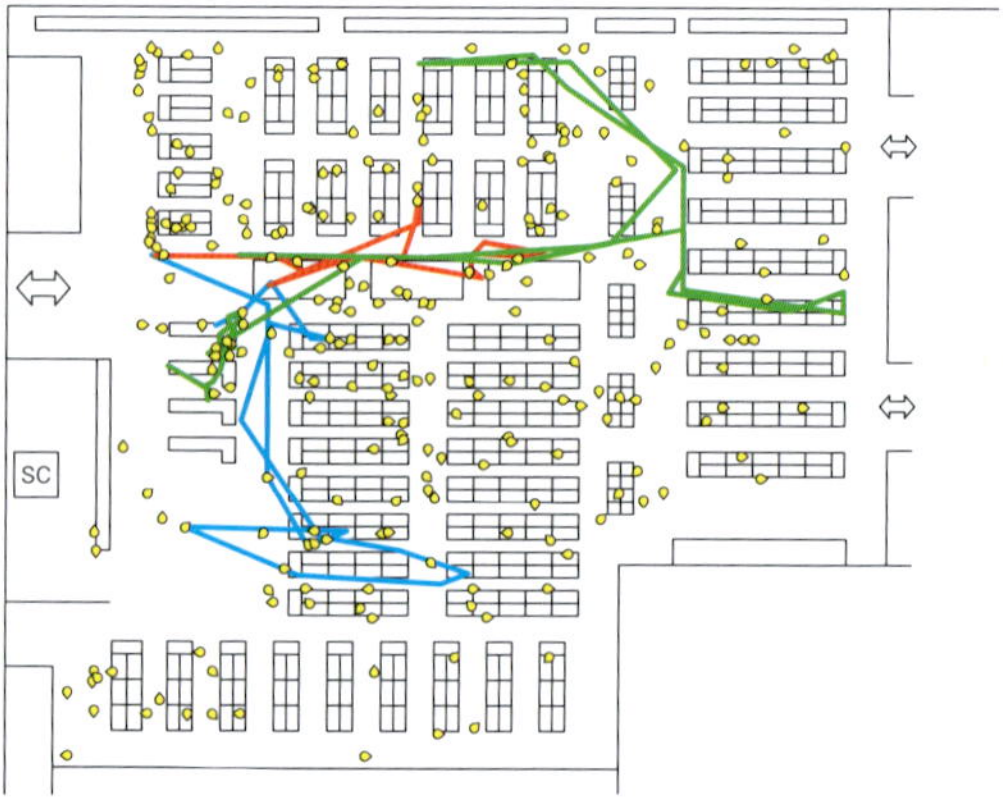

口絵6　店内の従業員動線と顧客動線の計測結果。ウエアラブルセンサが位置測定のための赤外線ビーコンと通信を行うことで、店内のどこにいたのかを詳細に測定できる。

データの見えざる手

ウエアラブルセンサが明かす人間・組織・社会の法則

矢野和男

草思社文庫

データの見えざる手　目次

第1章　時間は自由に使えるか

第2章 ハピネスを測る

ITが生産性を下げる効果も考慮すべき
ハピネステクノロジーで幸福の指標をつくる

第3章 「人間行動の方程式」を求めて ... 111

第4章　運とまじめに向き合う

第5章 経済を動かす新しい「見えざる手」

社会を科学できるか
「買う」ということは科学的によくわかっていない
経済活動を科学的に解明するにはどうしたらいいか
購買行動の全容を計測するシステム
コンピュータvs人間、売上向上で対決！
自ら学習するマシンが威力を発揮する時代
人による仮説検証型分析はビッグデータに通用しない
学習するマシンが人の「過去に学ぶ能力」を増幅する
人工知能には3つの分類がある
ビッグデータで儲ける3原則
学習するマシンはあらゆる社会の問題解決へ応用できる
人間と仕事は機械と共進化していく
人間のやるべきこと、やるべきでないこと
新たな「見えざる手」が世界に新たな「富」をもたらす

イントロダクション

2006年3月16日を境に著者の人生は大きく変わった。

私の研究グループでは人の行動や社会現象を計測し、記録するセンサテクノロジーとその応用を研究していた。その一つがリストバンド型のウエアラブルセンサ（人に装着するセンサ）である。このセンサは、左手の動きを継続的に計測するもので、その最初のプロトタイプが動作しはじめたのが2006年の初めごろだった。

このセンサの最大の特徴は、24時間継続的に人間の行動を記録することであった。しかし、自分の生活を丸々記録する実験のモルモット役になる人がいなかった。そこで、研究リーダーである私自身がモルモット役に名乗り出た。

その日以来、過去8年間、私の左腕には、24時間、365日、左手の動きを記録するこのセンサが装着されている。1秒間に20回も計測した詳細な加速度データがコンピュータに蓄積されている。このデータから、たとえば、過去8年に私が、いつ寝返りを打ち、いつ集中して作業していたか、ということが解析できる。

短時間のデータが意味することは、単に左手の動きであり、ごく小さな意味しか持たない。しかし、本書で紹介するように、1週間、1ヶ月、1年、2年、さらに複数人のデータへとまとまるにつれ、より大きな意味を持つことが次第に明らかになっていった。

このリストバンド型センサをはじめとして、著者の研究グループは、世界に先駆けて、社会の現象や人間行動を計測する新しいセンサ技術やその解析技術を開発してきた。まだ世の中に「ビッグデータ」という言葉のなかった時代から、ウエアラブルなセンサを使って、社会現象や人間行動を計測して、大量データを分析することで、人間行動や社会現象に関するさまざまな発見により世界をリードしてきた。その全体像をまとめたのが本書である。

歴史を振り返れば、宇宙から生物までの幅広い自然現象に関して、物理学に代表される定量的かつ精密なサイエンスが構築され、それが20世紀には社会や産業の発展の大きな原動力となった。

しかし、社会現象や人間行動に目を移すと、たしかに「社会科学」などの学問が発達してきたものの、それらは物理学などの定量的かつ精密なハードサイエンスと比べると、まだ定性的なレベルにとどまっている。

我々は、上記のセンサ技術により得られた大量データを活用することで、社会現象や経済活動についても、定量的でハードなサイエンスが確立され、科学的な予測や制御が可能になると考えている。

しかもそれは単なる学問にはとどまらず、企業の利益にも直結するものになる。本書ではコールセンタ、店舗などの具体的な事例を使って、計測にもとづく人間や社会の制御が、企業業績に大きなインパクトを持つことを紹介する。

さらに、この人間や社会に関する大量の計測データは、我々の人生における根源的な問いに答えてくれる可能性がある。たとえば「どうすればハピネスは高められるのか」という問いに答えてくれる可能性がある。あるいは「どうすれば幸運にめぐり会えるのか」という問いである。

これは哲学や宗教の問題と思われるかもしれない。本書では、このような問いにも、科学的なアプローチが可能であることを紹介する。

以上のように、本書は、これまでサイエンスが対象としてこなかったものを対象としつつも、サイエンスの方法論に徹底してこだわった本である。自然の摂理の解明に用いられてきた物理学の概念やツールが、企業の利益や人間の共感の理解に威力を発揮する意外性はこれまでの書籍には見られない本書の特徴である。

サイエンスの各分野は、昔からそこにあったわけではない。ここ100年間にも、サイエンスのフロンティアを誰かが拡げ、新たな分野が開拓されている。「ネイチャー」誌や「サイエンス」誌などの一流の科学雑誌にも、ここ10年ほどの間に人間の行動や社会現象を定量的なデータを活用してサイエンスの対象とする論文が出はじめている。

本書は、その意味で、現在進行形で進むサイエンスの地平のフロンティアを生々しく当事者が描いた本である。

同時に本書は、科学的根拠にもとづいた組織マネジメントの本となることも意図した。日々の事業や組織のマネジメントに格闘するマネジャーやナレッジワーカーにヒントになることも埋め込んだつもりである。この二つがうまく両立したかは、読者のご判断を待つが、読者に何かの知的刺激を与え、また日本の経済を元気にする何かのヒントを提供することができれば望外の幸せである。

2014年6月

矢野和男

第1章

時間は自由に使えるか

人間行動に法則性はあるか

本書では最初に「人の行動に科学的な法則性があるのだろうか」という問いを考えたい。あなたの行動が、何らかの科学法則に従っているのかを問いたいのだ。この問いへの答えは、ビッグデータを使って、社会現象や経済を科学的に制御できるかどうかに大きく関わるからだ。

これまで人類は、科学により宇宙の起源から物質の成り立ちまでを理解してきた。その進歩のきっかけは多くの場合、新たな計測データの取得であった。

宇宙にはじまりがあったという「ビッグバン理論」を我々が信じるのも、ミクロな世界では1個の電子が別々の場所に同時に存在するという「量子力学」を信じるのも、微弱な宇宙からの電波を検出するアンテナや電子1個を検出する計測器によるデータのおかげである。

そして近年、人間や社会の行動に関する大量のデータが得られるようになったことで、人間に関する新たな科学と科学法則が見つかる可能性が大きくなってきた。大量の人間や社会に関するデータから導かれた法則性を使って、社会をよりよい方向に導いたり、より経済を活性化したりすることができると期待されるのだ。

しかし、一方でそれを否定したくなる衝動にも駆られる。人は、その時々の自由な意思と思いで、どんな行動でも自由になしうるのではないだろうか。法則などには制約されず、自分の意思や好みによってのみ自らの行動を制約するのではないだろうか。そうであれば、データが大量にあったとしても、それは単に過去の記録にすぎず、未来に直接役立つものではないだろう。

人間や社会には普遍的な法則があるのか、ないのか。人や社会に関する大量データと向き合うにあたって、このどちらの立場をとるかで、ものの見方はまったく異なる。この前提をまず議論したい。

時間の使い方は意思により自由になるか

人間の行動に法則性があるかを論じるにあたり、本章ではまず、人の時間の使い方に焦点をしぼることにしよう。つまり人は時間の使い方を意思により自由に決められるのか、それとも時間の使い方は何らかの法則により制約されるのか、にフォーカスを当てたい。というのも、時間をいかに使うかは、仕事でも個人の生活でも、見方によってはもっとも重要なことといえるからだ。後に述べるように、我々はセンサ技術を使って、人間の時間の使い方に関するデータを大量に得て、この問いに一つの答えを得た。

古今のさまざまな思想家が、自分の時間を有効に使うことの重要性を書いている。

筆者自身が影響を受けた19世紀スイスの哲学者カール・ヒルティは、その『幸福論』において1章を使って「時間の使い方」を書いている。現代では、たとえばスティーブン・コヴィのベストセラー『七つの習慣』には、時間管理にやはり1章が割いてある。経営学の泰斗であるピーター・ドラッカーも『経営者の条件』で、自分の時間の使い方を分析し、時間の使い方を改善することが、効果的なマネジャーになるためにもっとも重要なことであると説いている。これ以外にも、毎年、時間の使い方は、さまざまな記事や書籍で繰り返し論じられている。

このように、時間の使い方が重要であることは認識されてきたが、それは幸福論や自己管理の話題であって、科学の対象とは考えられていない。読者の方々もそう考えるだろう。

しかし、この章で論じるのは、まさにこれを否定することなのである。あなたが今日何に時間を使うかは、無意識のうちに科学法則に制約されており、自由にはならないのである。

今日、あなたには3つやりたいことがあるとする。これをToDoリストに書きとめてから1日をはじめる人も多いであろう。この3つのどれに時間をどれだけ使うかは、自由な意思により決めることができると、あなたは考えるであろう。

しかし、後に紹介する科学的な法則により、時間の使い方はあなたの自由にはならないのだ。それを無理に自分の自由になると思って計画しても、その通りにはならない。あなたも自分の経験を振り返ってみれば思い当たることがたくさんあるのではないだろうか。

本章で述べる科学法則を知れば、これをもたらしているのが何かを理解できる。そして自分の時間を、その法則に則った形で科学的に制御する道があることを示したい。

万物を支配するエネルギー保存則は人間にも効く

科学といってもいろいろな分野があるわけだが、多くの分野にはさまざまな現象を記述する基本の「方程式」がある。

物理学でいえば、物体の運動は「ニュートン方程式」、電磁気現象は「マクスウエル方程式」、原子レベルの量子現象は「シュレディンガー方程式」に従う。これらの名前を聞いたことがある人は多いと思う。

しかし、実は、これらの物理現象を表す方程式が、すべて同じ一つのことを表しているということを知っている人はあまりいないと思う。実は、これらの方程式は、エネルギーや電荷などが保存されるという「保存則」から派生するものである。

おそらく、これらの方程式をすらすら書ける人はほとんどいないと思うが、もし、物体運動や電磁気や量子のエネルギーがどういう式で表されるかを知っていれば（実際これらは簡単な式で表せる)、これらの方程式はその場で導けるものなのだ。

これらの方程式が自然法則の基本であり、それらがすべて保存則、とくに「エネルギーの保存則」から派生する式だとすれば、「エネルギー」の概念こそが、自然現象の科学的な理解の中心にあることは疑いない。

実は、このエネルギーの概念が、形を変えてあなたの今日の時間の使い方と関係があるのである。あなたが1日に使えるエネルギーの総量とその配分の仕方は、法則により制限されており、そのせいであなたは意思のままに時間を使うことができないのだ。

あなたのまわりで起きているあらゆる現象や変化には、エネルギーが必要である。エネルギーはいろいろな形態で蓄積され、あらゆる現象に関わっている。原子力のエネルギーもあれば、化学エネルギーもあれば、熱エネルギーもあれば、電気エネルギーもある。

エネルギーは形こそ変えるものの、トータルでは、増えもしなければ減りもしない。宇宙も地球も常に変化しているように見える。しかし、エネルギーは一定で増えも減りもしない。

それでは、なぜ世界は変化するのだろうか。目に見えるあらゆる変化は、実は、エネルギーが別のエネルギー形態に変わることで起こる。たとえば、リンゴが木から落ちるとき、リンゴの重力エネルギーがリンゴの運動エネルギーに変化している。しかし、合計はすこしも変化しない。総量は変わらず、その「配分」が変わるのである。

逆に、配分を変えても実現できない変化は起きない。たとえば、低いところにある物体が、力を加えないのに自然に高いところに昇ることはない。これはエネルギーを新たに生み出していることになるからだ。配分を変えることでは実現できない変化である。エネルギーの配分という見方が、科学的に起きうることと起きえないことを明らかにする。

この300年の物理科学の歴史は、突き詰めれば、あらゆる自然現象をこのように「エネルギーの配分」という統一原理によって説明することであった。

ここで対象に人間を入れると話がややこしくなる。人間には「意思」があり「思い」があり、「情」があり、それが行動に影響を与えているからである。とはいえ自然の変化はエネルギー配分の変化で起きているのに、そのなかで人間だけがそれと無縁の特別な存在でいられる何らかの事情があるのだろうか。

人生を俯瞰することを可能にする「ライフタペストリ」

我々が行った実験を紹介しよう。

最新の技術を使えば、身体運動や人との面会、位置情報など、人間の24時間の行動をミリ秒単位に計測して、記録できるようになった。著者は、このような計測技術の開発とこれを活用したデータの取得をここ10年行ってきた。

ここで述べる実験に使ったのはリストバンド型のウエアラブルセンサ（「ライフ顕微鏡」と呼ぶ）[1]で、腕の動きを加速度センサで計測し記録する（口絵1）。高精度の加速度センサは、50ミリ秒ごと（1秒間に20回）、腕のほんのわずかな動きでさえ捉えて、加速度（これは空間の三次元のそれぞれの向きについて計測されるので3つの量になる）としてメモリに記録する。充電なしでも約2週間は連続して動作する。このウエアラブルセンサを用いて、12人の被験者の腕の動きを、それぞれ4週間ずつ、のべ9000時間にもわたって記録した。

あらゆる人の行動には、腕の動きがともなう。このセンサの計測記録は、腕の動きに投影されたその人の生活の影であると考えられる。単純なところでは、寝ているときには、腕は静止する。時々寝返りを打つときに動くだけである。起きているときには、ほとんど静止していることはない。加速度の記録を見れば、いつ寝ていつ起きたかがわかるのだ。

ここでは簡単のために、腕が1分間に何回動いていたかだけに注目しよう。人は1日の平均で見ると、起きている間は1分間に平均80回程度は腕が動いている。歩いているときには、1分間に240回程度動いている。逆に、PCでウェブなどを眺めているときには、1分間に50回以下に下がる。どんな行動にもこのように1分間に何回腕が動くか、という特徴がある。

このことに気をつけて自分の腕の動きの記録を見ると、過去の各時刻に自分が何をしていたのか、かなりはっきりと思い起こすことができるようになる。長い期間、記録をとり続ければ、人生をまるで絵巻物を見るように一望することができる。我々は、活発に動いているときを赤で表示し、動きが少ないときを、青で表示し、その中間的な場合には、その中間色で表すことで、24時間の行動を表現する図を考案し、これを「ライフタペストリ」と呼んでいる。タペストリとは、織物という意味である。自分の生活が、一幅の織物のように表現されるわけだ。

実際のデータを見てみよう（口絵2）。ここでは、4人のユーザーの24時間、365日の生活が、ライフタペストリによって俯瞰されている。このように人生を俯瞰することができるのは、新鮮な体験である。実は、私は、このライフ顕微鏡を2006年の3月から今まで24時間継続して装着し（ただし、お風呂や水泳のときには外している）、腕の動きを8年以上にわたって計測し続けている。この私の人生の一部をここにあわせてお見せしよう（口絵3）。年に何回か生活時間帯が大きくシフトしているときがある。これは海外にいて時差があるためだ。

一見してわかるのは、人によって生活のパターンが異なることである。青で示されたほとんど動きのない睡眠の時間帯が、日々規則正しい人もいれば、まったく自由気ままで不規則な人もいる。人は、性格が違ったり、職業や家族の事情があったりと、人それぞれの事情で、生活のパターンはさまざまである。

さらに明らかなことは、時間帯によって、活動が異なることである。このライフタペストリにほぼ毎日、赤い線が朝・昼・晩の時刻に入っているのにお気づきだろうか。これは、朝の出勤、昼休み、帰りの退勤という3つのイベントが毎日繰り返されていることを表している。一方、その間には、動きの少ない青から緑の時間帯もある。前記のように、PCの前で静かにウェブを見ていたり、会議で人のプレゼンを黙って聞いていたり（寝ていたり）すると、動きは少なくなるので、緑から青の表示になる。

このように、人によってそれぞれ活動の仕方は異なり、また同じ人でも日によって時間帯によって、多様な活動を行っている。そして、その日、その時間に、あなたが、その行動をすることは、あなたの意思と好みで自由になる、と信じているだろうと思う。

腕の動きを数えるとわかる驚くべき法則性

本当だろうか。それを確かめるために、このデータをライフタペストリとは別の方法で表現してみよう。12人の被験者について、このような腕の動きのデータを、1日

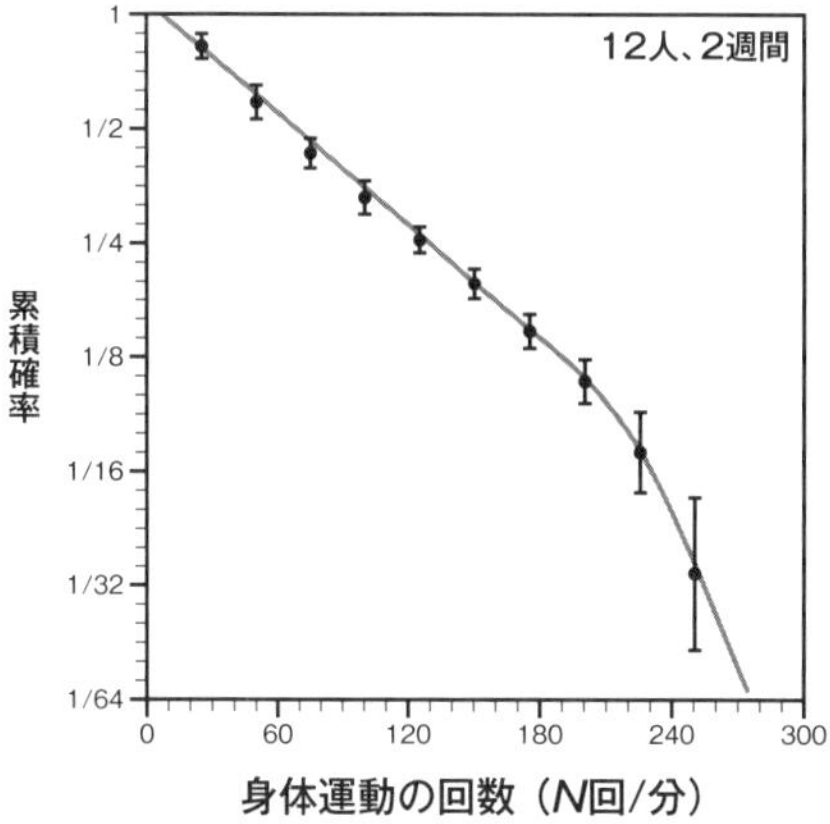

図1－1　1分あたりの身体運動の回数（*N*）の分布（12人分×2週間のデータ）。縦軸には「累積確率」とあるが、*N*回／分以上の身体運動が観測された累計時間を全計測時間で割ったもののことである。就寝中など、本人が活動していないときは計測していない。人により右肩下がりの傾きが異なるため、それぞれの傾きにあわせて縦軸の累積確率を正規化した。縦軸に表示されている1/2、1/4……は平均的な人の場合で、一般には$1/\alpha$、$1/\alpha^2$、となり、αは1.5～3の範囲で人や日によって変化する。その平均値が表示されている$\alpha=2$である。

分以上をあわせて統計分布をとると、図に示すように、一定の範囲できれいに直線に乗る[2]（図1－1）。

この分布は横軸が「1分あたり何回動いたか」（*N*回／分）を示しており、縦軸はその*N*回／分以上の激しい運動が計測期間（ここでは2週間）の間に観測された比率（*N*回／分以上の激しい運動が観測された頻度を、観測の総数で割ったもの）を表すもので、累積確率と呼ばれる。累積確率は、横軸に示された値以上の値が観測された確率を縦軸で表しているので、たとえば横軸が200のところで縦軸の値が1／8を示していたら、200回／分を超える観測が1／8の確率で観測されたということを意味する。

ここでは縦軸の目盛りは「対数」になっている。目盛りの数値が等間隔で倍々になっている。このようにプロットするのには理由がある。それは後で説明する人間行動や社会行動に普遍的に見られる統計分布、「U分布」を見つけるためである。ここで、Uはユニバーサル、すなわち「普遍的」の頭文字である。統計分布がU分布のときには、このような「片対数プロット」と呼ばれるやり方でプロットすると、直線になるのですぐに見分けがつく。これは数学的には「指数分布」と呼ばれる分布の仲間の特徴である。

U分布は、私が、幅広い人間行動や社会行動を計測するなかで見出したものだ。ごらんのように人間の腕の動きもU分布になる。簡単にいえば、計測期間を1日以上のように長くとると、50回／分以下のような動きが穏やかな時間が多く、激しい動きを示すことは少ないのが特徴だ。その少なくなり方が指数関数に従っている（巻末注1）。

この傾向は大変規則的で、典型的には、1分あたり60回以上の運動をすることは1日の半分（1／2）程度だが、1分あたり120回以上の運動をすることは、その半分（1／4）程度に減る。さらに1分あたり180回を超える運動をすることは、さらに半分（1／8）程度に減る。これをグラフにすると、片対数プロットでは右肩下がり直線のグラフになる。

U分布と同じ形の統計分布は、科学の歴史のなかでは、物質中での原子や分子の熱エネルギーの分布に発見されている。空気にせよ、水にせよ、世の中のあらゆる物質のなかでは、原子が熱エネルギーによって絶えず動いている。たとえば、空気の約5分の1は酸素分子（O_2）からなるが、この酸素分子は熱によりそれぞればらばらな向きに運動をしている。向きがばらばらなだけではない。運動のスピードもそれぞれ異なり、高速で運動しているものもあれば、低速のものもある。この空気中の酸素分子（一般には物質中の分子や原子）の運動エネルギー、すなわち熱エネルギーを横軸にとり、縦軸にその値以上のエネルギーを持った分子の頻度（累積頻度）をとると、やはり同じ形の分布になり、片対数プロットで見れば直線になる。この熱エネルギーを横軸にとったときの統計分布は「ボルツマン分布」と呼ばれ、あらゆる物質の熱的な性質を決めている基本的な分布となっている。

我々がセンサを使って人間の身体運動などを計測する研究を続けていると、横軸にとるのが原子の熱エネルギーではなく、社会現象に関わるさまざまな量であってもこの同じ形の分布になることがわかってきた。たとえば「1分間の腕の動きの数」であり、「店舗における棚の前に顧客が滞在する時間」もそうだ。これが見つかったのは最近のことだ。

私は、人間行動や社会現象に関する計測データの統計分布が、この形になることがあまりに多いことに驚いた。そして、これほど頻繁に見られる現象に気づいている人がいないという意外な事実にも気がついた。そこで、原子のエネルギーのみならず、人間行動や社会現象にまで見られるというこの普遍的な分布の裏付けとなる理論を構築して、その統計分布の数理を「U統計」と名付けたのである。

ここに示した腕の動きの実験結果はとても不思議で驚くべきものである。1分ごとの腕の動きの回数を測ると、その日、1日の統計データは、図1－1のようになり、直線に乗るU分布である。これは偶然かと思って、別の日を調べても、やはりU分布に乗っていた。さらに、他の人のデータもすべてプロットしてみた。12人の被験者のすべての日のデータがU分布に乗っていた。不思議なので、当然、私のデータも調べてみた。毎日きれいなU分布に乗っていた。

このことの意味を考えると、さらに驚くべきことがわかる。被験者は、自分の意思や思いで、自由に自分の行動を決めていると考えている。それとこの普遍的なU分布とは相容れないのだ。なぜなら、行動の種類によって、特徴的な動きがあるからだ。

たとえば、プレゼンテーションを行っているときには、150回/分、ウェブを見ているときは30回/分程度の動きをともなう。このため、さまざまな行動を自分の意思で選択し、1日のなかで組み合わせたら、その選択の仕方により、動きの統計分布は異なるはずだ。その日のＴｏＤｏの選択によって、分布は異なるはずである。毎日、統一的なU分布になるはずはない。ましてや、違う仕事を持ち、性別も年齢も異なる人たちが、魔法にかけられたように、同じU分布に従って、24時間、行動しているのは驚きである。

まるで、カードをどうやって切っても、一番上にはスペードのエースが出てくるマジックを見せられているようだ。しかし、これは現実の人生や世界であって、タネのあるマジックではない。しかし、その見えざる導きの実態をもうすこし明らかにしよう。

右肩下がりの分布が社会を支配するという謎

この普遍的な「右肩下がり」の統計分布は、人の行動や社会現象や経済現象を深く理解するための鍵だ。この重要な統計分布についてすこし丁寧に説明しよう。

統計学では、正規分布という「釣り鐘型」の分布を前提にする場合が多い（図1－2）。これは、平均値を中心として、その両側（平均値以上と平均値以下）に「裾野《すその》」が広がっているのが特徴である。

この正規分布の実例として、サイコロを何回か投げたときの、目の数の平均値を考えよう。たとえば、5回サイコロを振ったときに3↓5↓1↓6↓1と出たとする。このときの5回の平均値は、3＋5＋1＋6＋1の和である16を5で割って3・2だ。このようなサイコロの5回投げを繰り返すと、そのたびに値は異なるが、3・5を中心（サイコロの目の数の平均値は3・5である）にそのまわりでばらつく結果が得られる。これが正規分布だ。5回投げの平均は3・5に近い値が得られることが多く、そこから離れた値、たとえば1や6になることはまれだ。5回投げの平均が1になるには、5回すべてで1が出ることが必要で、よほどの偶然でないと起きないわけだ。

統計学の本では、この正規分布が前提となっている記述が多い。統計学を学ぶと、世界の現象は大部分が正規分布で表され、それ以外の分布は例外的と多くの人は思うだろう。「正規」という名前自体にそのニュアンスが含まれている。

ところが、実社会のビッグデータに登場する統計分布は「右肩下がり」のU分布が圧倒的に多いのだ。「右肩下がり」の分布では、変数の値がゼロのときにもっとも頻度が高く、変数が大きくなるにつれて、頻度が一方的に小さくなっていく。正規分布と、このU分布とは、形がまったく異なる。一方は釣り鐘型で、他方は一方的に右肩下がりである。すこしの違いではないのだ（巻末注2）。

これをどう理解すればよいのだろうか。たまたま右肩下がりのカーブが重なっただけだろうか。私は、この人間行動に関する右肩下がりの分布が現れる理由を本や文献

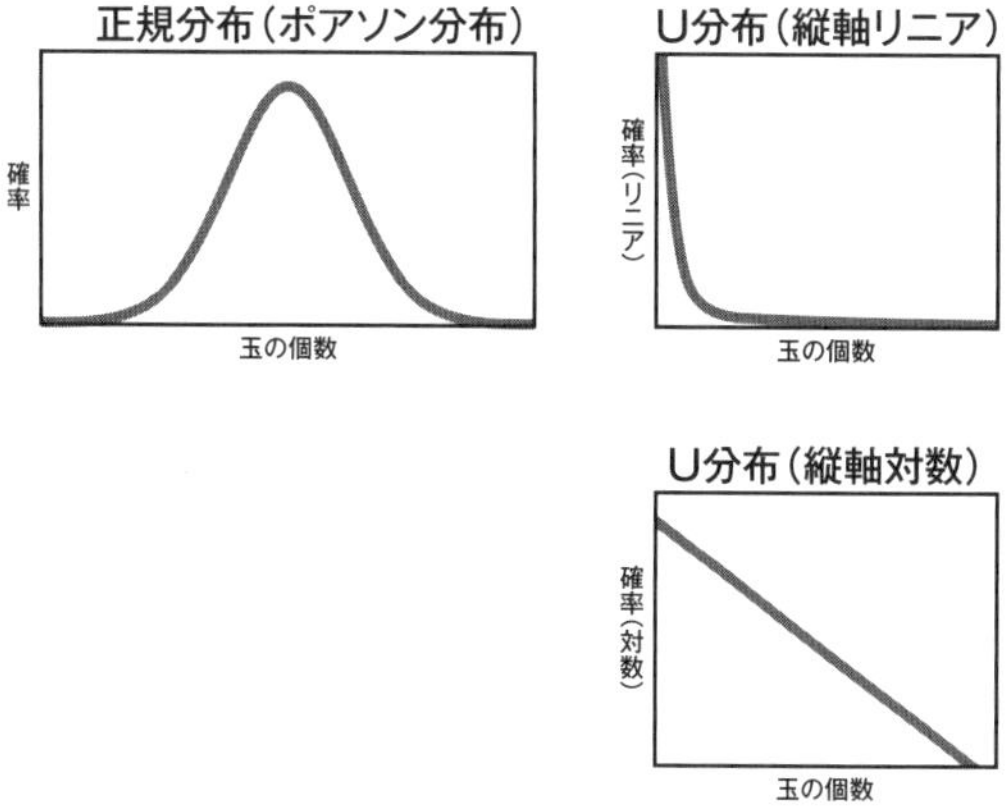

図1−2　正規分布（ポアソン分布）とU分布との比較。正規分布は釣り鐘型で、平均値を中心として、それ以上とそれ以下に裾野が広がる。U分布は右肩下がりの分布となる。片対数プロットだと直線になる。

で調べてみたが、どこにも答えがない。ためしに「なぜ統計学では釣り鐘型の分布が使われ、物理現象では右肩下がりの分布が使われるのでしょうか」という疑問を、統計学や物理学の有識者に会うたびごとに質問するが、こんな基本的なことに誰も答えられない（唯一、明確な回答をくださったのは、ブラジルの統計物理の権威であるコンスタンティノ・ツァリス教授であり、大変参考になった。ここに感謝したい）。霧がかかったように前が見えない状態が続いたが、最近になってシミュレーションや解析を通して、遂に納得いく答えを見出し、目の前の霧が一気に晴れた。

そこには「繰り返しの力」という我々が普段感覚として意識していない力が、社会を動かしている姿が見えてきたのだ。

やりとりが繰り返されるとU分布が現れる

ビッグデータに普遍的に現れる右肩下がりのU分布の本質を、ビジュアルに紹介しよう[3]。

まず、縦30個×横30個（すなわち合計900個）のマス目が碁盤目状に並んだものを考える[4]（図1－3）。ここに、たとえば7万2000個の玉を完全にランダムに置くとしよう。

コンピュータシミュレーションでこれを実行するには、玉の位置をランダムに生成すればよい。横方向の位置（x）を決める1〜30の乱数と縦方向の場所（y）を決める1〜30の乱数を発生させ、（x、y）の位置に玉を置くのだ。このようにすると、一つのマス目には、平均80個の玉が入る（80個×30マス×30マス＝7万2000個である。ただし、図1－3ではマス目が玉で埋め尽くされて見えなくなるのを防ぐために、10個の玉をまとめて一つの玉として表示している）。

ここで碁盤目の全体はあなたの1日を表すと考える。各マス目が、その1日のなかの1分間を表すと考えるのである。総数900個のマス目は、1日の活動時間が

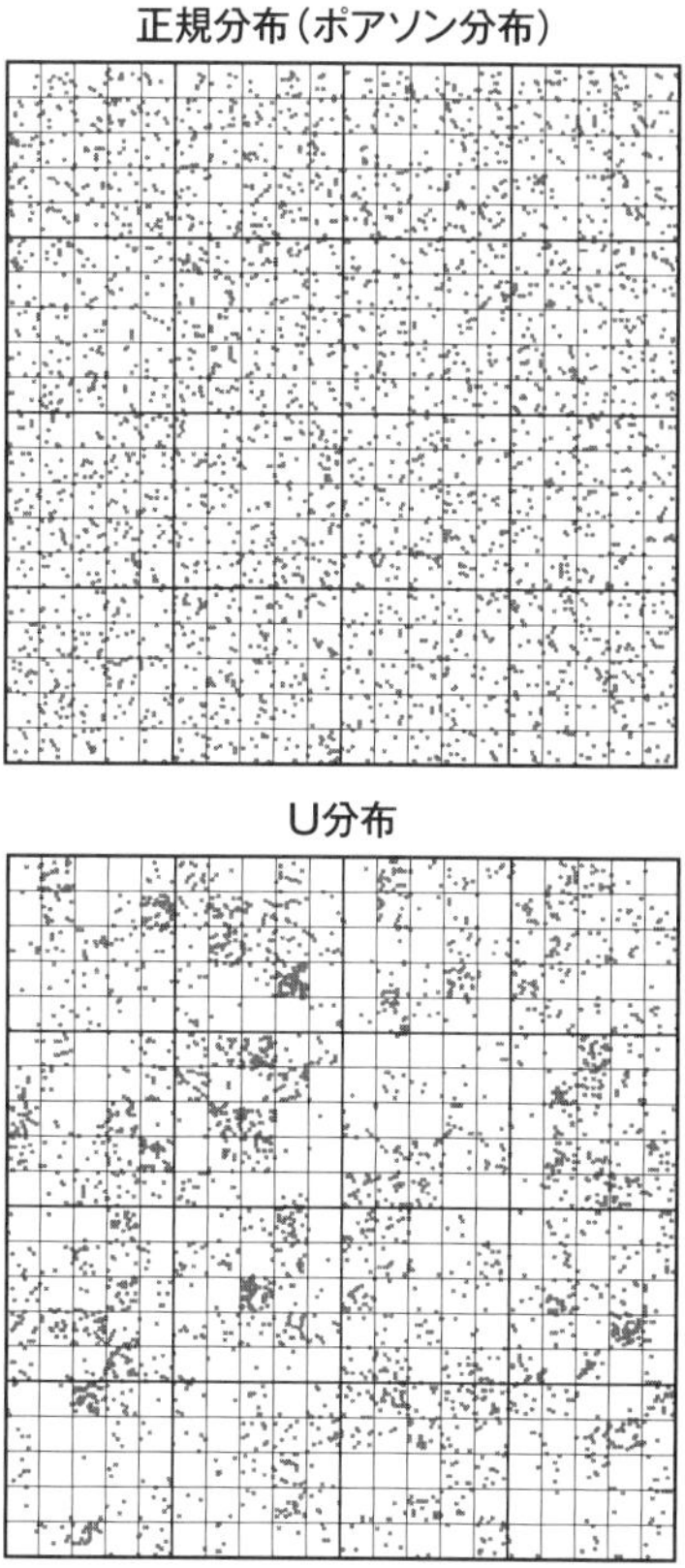

図1−3　マス目上にばらまかれた玉の、正規分布とＵ分布でのばらつきの違い。本文では30×30のマスでの実験を解説しているが、見やすさのため一部を拡大して表示した。また玉をすべて表示すると重なってしまうため、玉10個分をまとめて1つのシンボルで表示している。

900分（＝15時間）という想定に対応する。そして、そのなかに入っている玉の数が、1分間に腕が何回動いたかを表す。各マス目に、平均80個の玉が入っているのは、1分間に平均80回、腕が動くことを仮定していることになる。現実には、活動時間も腕の動きの平均回数も、人や状況によってさまざまだが、上記の設定は、現実にもありうる数字だ（この数を変えても以下の結果には影響はない）。

図1－3の上の図に示すように、ばらついてはいるものの、各マス目にはほぼ平均80個前後の玉が入っている。もちろん80個ちょうどではなく、そのまわりでばらついている。この統計分布が正規分布である（専門家は、「ポアソン分布」と呼んで区別するが、ほぼ同じものなのでここでは区別しない）。

ほぼ同等な結果は、手間はかかるがサイコロを使っても作れる。マス目ごとに、サイコロを23回振って、出た目の合計を割り当てることにすれば、ほぼ80（正確には3・5×23＝80・5となる）を中心にそのまわりでばらつく。これが先ほどのシミュレーションと同じ正規分布である。

ここまでは、ランダムに玉を配置しただけで、マス目ごとの玉の数はそれぞれ独立に決まった。マス目とマス目の間には玉のやりとりはなかった。次に、このようにランダムに玉を分配した後で、マス目間で玉をやりとりさせてみよう。

ランダムにマス目を二つ選んで、一方から他方に玉を1個移す。そして、これを繰り返してみよう。もともと、ランダムに置いた玉なのだから、そこからランダムにマス目を選んで、玉を動かしても、結果は変わらない、と思うだろう。この問題を多くの人に出題してみたが、全員が「結果は変わらない」と答えた。

ところが論より証拠である。図１－３の下の図を見てほしい。これはこの「やりとり」を10万回繰り返してみた結果である。やりとりを繰り返すほど、玉の分布が「まだら模様」になっていったのだ。実は、このやりとりによって生じた「まだら模様」こそが、実社会のビッグデータに普遍的な右肩下がりのU分布である。すなわち、玉の多いマス目から順に玉の数を調べて分布を見るとU分布になっているのである。U分布の作り方は極めて簡単なのだ。

一方、このU分布に比べると、もとの正規分布は、均一であり一様である。結果を見ると違いがよくわかるが、「右肩下がり」の分布の実態は、一様にランダムにばらまいた正規分布よりも、もっと「まだら模様」で「ばらつき」が大きい印象を与える。完全なランダムよりばらつきが大きい、というのは矛盾しているように聞こえるが、本当だから仕方がない。一様な乱数によるランダムさ、というのは、実はとても均一な状態で、ばらつきの少ない状態なのだ。U分布は偏りを許す、もっと自由度の大きい状態なのである。

U分布はボルツマン分布を一般化したものだが、おそらく物理を専攻されている人でも、ボルツマン分布をこのように空間的にビジュアルに見たことは初めてであろう。少なくとも私はそのような図を示している統計物理の本を見たことがない。統計物理の本を見れば、いたるところに、ボルツマン分布の数式（指数関数の肩に温度の逆数が出てくる式）が登場するが、数式だけ見ても、ここで示したような空間的な分布の実態はまったく想像できないだろう。

気体中では分子どうしが常に衝突しあい、その際に持っているエネルギーのやりとりが行われる。マス目間の玉のやりとりの繰り返しをこのことを表現したものと考えれば、分子の持つエネルギーの分布がU分布と同じ右肩下がりのボルツマン分布になるのは無理なく理解できる。

結果として、この右肩下がりのU分布では少数のマス目に玉が集まっている。定量的には、上位3割のセルに、全体の7割の玉が入っている。よく「20／80の法則」ということがいわれ、上位2割に全体の8割が集中することが話題になる。たとえば、2割の社員が売上の8割を生み出したり、2割の企業がGDPの8割を生み出したりする、というような場合に使われる。このU分布は、20／80までは集中していないが、そこそこに集中している状態である。

さて、この玉の分布がまだら模様になるということは、たとえていえば、マス目とマス目の間での「貧富の差」が生じたということでもある。玉がたくさん配分された富めるマス目とあまり配分されなかった貧乏なマス目が、自然に生じたことになる。これを生じさせたのは、マス目とマス目との間で繰り返された玉のやりとりである。

おもしろいのは、どのマス目にも等しい「機会」があったのに、結果は、特定の少数のマス目に玉が集まってしまうところだ。「平等なチャンス」が与えられても、「不平等な結果」が必然的に生まれるわけだ。公平な「やりとりの繰り返し」は、必然的にこのような不公平をもたらすのだ。

特定のマスに玉が集まる偏りが、そのマス目特有の事情、たとえば能力の差のようなものによりもたらされるのではなく、平等なやりとりの繰り返しのみに起因することを忘れてはならない。能力の差のようなものを仮定しなくても、確率によって偏りは生じる。いわば「繰り返しの力」がこの「貧富の差」をもたらしている。

余談になるが、これは自給自足で生きていた人類が、経済取引をはじめることで、貧富の差が現れたことの素朴なモデルになっていると思われる。

我々は、物事には原因があると考えがちだ。「富める人には、そうでない人とは何か行動に違いがあるはずだ」と結果の背後に原因を追求したくなる。しかし実際には、多数のやりとりがあると、確たる原因がなくとも特徴的な偏りが生まれる。資源（この場合は玉）の分配が偏るのは、決して能力や努力によるものではなく、「やりとりの繰り返し」による統計的な力であることは忘れてはならない。実社会では、自然に生じるこの配分のばらつきに加え、能力の差もあるためにさらに貧富の差が拡大するのだと思われる。

この「繰り返しの力」を背景にした「資源配分の偏り」こそが、幅広い人間行動や社会現象を説明するのである。これを理論化したのがU分布である。

ここで行ったのは、玉の分配という単純な問題だ。私は、この結果を見せずに、ランダムに玉のやりとりを繰り返したらどうなるかを何十人もの人に質問してきた。多くの人は理系で博士号を持つ人だ。驚くべきは、こんな単純な問題に経験と知識を総動員しても、ほぼすべての人が結果を予想できなかったことだ。多くの人は玉の配分はランダムなままで変わらないと答えた。この結果は、我々がいかに繰り返しを含む現象を予測する能力がないかを浮き彫りにする。人は因果という枠組みに頼って世界を認識しようとする強い傾向があるが、因果という考え方は、多数回の繰り返しの結果を見通すには適さないということなのだろう。

我々は「腕の動き」を各時刻の間でやりとりしている

ここでさきほどの1日の人間行動の問題に戻ろう。人の動きは、正規分布に従うのか、右肩下がりの分布のU分布に従うのか。それとも、それ以外の別の分布なのか。実験結果は右肩下がりのU分布となった。これは何を意味するのだろうか。

まず一人の人間の行動に、多数の繰り返しや集計要素があるのかを確認したい。もちろん繰り返しはある。あなたの1日の行動は、各1分1分を積み重ねて、1日約900分以上の活動時間が作られる。これは十分大きな統計の母集団となる。

ここで図1－3における30×30＝900個のマス目を見てみよう。1日をこの碁盤の全体とし、そのなかのマス目を各1分1分に対応させる。各1分に何を行うかはいろいろな事情によって決まるだろうが、それによって、その1分の腕の動きが決まる。そして何をしたかによって、1分間に腕が動く回数が決まる。マス目に玉が10個あれば、1分間に10回腕を動かすことに対応する。

我々は、1日の活動時間約900分を生きるなかで、約7万回の腕の動きを、各1分1分に配分している。もしも、我々の各時点での行動の種類がランダムに決まるとしたら、玉の配分は正規分布になるはずだ。その中心値は、7万／900という平均値になる。

しかし、実際には、右肩下がりの「まだら模様」のU分布になった。この分布の本質はマス目間で玉のやりとりが繰り返されることだった。したがって、1日を構成する900回の各1分という構成要素間（マス目の間）でも、7万回の腕の動きという資源のやりとりが繰り返されているのだと考えられる。

ここで「やりとり」するのは、どの時間に腕を動かすかである。腕の動きは1日約

7万回と総数がおおよそ制約されているなかで、我々は腕の動きを優先度に合わせて調整しているのだと考えられる。

たとえば、午前は活動量（腕の動き）を抑えて、午後の顧客への提案に全力投球する（腕を激しく動かす）ことがこれにあたる。あるいは、11時までの書類の締め切りに集中して（腕を活発に動かして）、その後は一息つく（腕の動きを少なくする）というのもあるだろう。腕の動きという有限の資源を、優先度の低い時間には温存し、優先度の高い時間に割り当てる、というのが「腕の動きのやりとり」である。おそらく我々は、無意識のうちにもっと細かな行動の調整を無数に行っているのだろう。この最適化を毎分、毎時、毎日行っているわけだ。

あなたが、腕の動きに関する優先度の調整を無数に行っている証《あかし》が、右肩下がりのU分布なのだ。この最適化をやめれば、腕の動きの分布は図1－3の正規分布に近づいていくはずだが、実際にはそのようなことは起こらない。人は毎日、有限の腕の動きという資源を、繰り返し、時々刻々の行動に分配する存在なのだ。

ここで本章の最初の問いに戻りたい。人の行動は、物質のようにエネルギーによって制約されているのだろうか。宇宙のあらゆる変化は、エネルギーのやりとりで起きているのに、人間の行動だけは「意思」や「好み」や「情」で決まるのだろうか。人間だけは特別なのだろうか、という問いだ。

人の行動も特別ではない、というのがここでの結論だ。人間の行動には、原子の運動や電磁波と同じような意味で、厳密な「エネルギー」が定義できるわけではない。しかし、腕の動きの回数の分布は、原子のエネルギー分布と同じ式で表される。

これは偶然ではない。この一致は、両者がいずれも有限の「資源」のやりとりを繰り返した結果現れるものだからである。

物質中では、分子間で熱エネルギーが繰り返しやりとりされている。一方、あなたは、腕の動きのやりとりをあらゆる時刻に行っている。「有限の資源」と「エネルギー」と呼び名は違うが、本質は同じだ。むしろ、エネルギーは有限の資源の一種であり、資源の特別な場合と捉えられる。

実際に、腕の動きは、我々が生きる上で貴重な資源だ。あなたの身体の運動とは、あなたが何か行動を起こす唯一の原資ともいえる。シミュレーションでは、この資源を「玉」として象徴的に表した。ランダムな「玉のやりとりの繰り返し」というこれ以上単純化できないモデルで、人間行動という複雑なシステムが説明できる。表に見えるマクロな現象とその背後にあるミクロな繰り返しの実態を結びつけられる。このマクロとミクロの関係をもうすこし考えてみよう。

ミクロの詳細を知らなくともマクロは予測できる

19世紀前半は「気体は暖めると膨張する」というような物質の基本特性が定量的に理解された時代である。ここで確立されたのが「熱力学」と呼ばれる理論だ。しかし、この背後でミクロに何が起きているか、つまり分子の動きと気体の状態の関係についてはわかっていなかった。マクロな物質の性質をミクロな原子運動から説明する理論が構築されたのは19世紀後半から20世紀前半にかけてのことである。それが「統計力学」という学問となった。

統計力学は、上記の気体の膨張のようなマクロな現象を、気体を構成する無数のミクロな分子の衝突の「繰り返しの力」によって説明するものであり、この繰り返しを理論化することにより現象の予測も可能になった。基本となる理論体系は、ジェームズ・C・マクスウエル、ルートヴィッヒ・エドゥアルト・ボルツマン、ジェームズ・ギブズ、アルベルト・アインシュタインなどによって構築され、それが身近な物質から宇宙までを解明するのに使われてきた。

ここで見出された重要な原理が「やりとりの繰り返しが多くなると、ミクロな詳細状態を知らなくとも、マクロな現象の予測や制御ができる」というものだ。これを私は「多数やりとりの原理」と呼ぶ。やりとりの量が十分に大きい場合は、重要なのはやりとりに関する少数のルールだけで、個々のやりとりの詳細は知る必要はない、という原理が見つかったのである。

もしこの原理がなかったら、無数の原子からなる自然現象の予測は不可能だ。自然現象に関わる原子運動の初期条件をすべて知り尽くして、すべての原子の運動をシミュレーションするのは、どんなスーパーコンピュータが現れようともできない。しかし、大量のミクロな「やりとりの繰り返し」がある場合には、ミクロな詳細の大部分は、マクロな現象に影響がなくなり、ごく一部の情報だけが影響する。この原理によって、自然現象におけるミクロとマクロがつながるのだ。

同様な原理により、毎日7万回を超える動きの繰り返しを行う人間行動についても、時々刻々変化する「意識」「思い」「感情」「事情」などの詳細を考慮せずとも、科学的な予測や制御が可能になる。人間の運動を計測して分布を調べると、その人がどんな「意識」「思い」「感情」「事情」を持っていようとも、必ずU分布になるというのも、この原理の一端である。これは空気中の分子1個1個を制御するのは不可能だが、無数の分子衝突を繰り返す気体の圧力や温度は予測や制御可能であるのと同じだ。

U分布の統計とは、このマクロとミクロを統一的に結びつける理論である。ミクロな時々刻々の行動で重要なのは、何が資源＝玉にあたり、その玉がどのようなルールでやりとりされているか、である。やりとりがないときは従来の統計学が扱ってきた正規分布になり、やりとりがあるときにはU分布になる。「玉」として表された資源は、原子の世界でエネルギーが果たしていたのと同じ役割をあなたの人生や社会において果たす。ミクロなエネルギーのやりとりの繰り返しが、自然現象を作る。同様に、この毎秒毎分のミクロな腕の動きのやりとりの繰り返しが社会現象を創る。そして、このやりとりの繰り返しについては、科学的な予測が可能になる。

時間の使い方は法則により制限される

この結果から時間の使い方に関して何か有益なことがわかるだろうか。答えはイエスだ。

エネルギーを一般化した「資源」とその「やりとり」の繰り返しが、人間行動を説明する。この資源配分の変化で説明できない変化は、現実に起きえない。たとえば、水は高いところから低いところに流れるが、逆は自然には起こらない、ということも、エネルギー保存則があるからこそ断言できる。実は、人間の行動が資源のやりとりの法則（物質におけるエネルギー保存則の一般化にあたる）の支配を受けるとなると、水が低きから高きに流れないのと同じような厳密な制約を受けるのである。時間の使い方に厳しい制約をもたらすのだ。

たとえば、今私はパソコンで原稿を書いている。仮に、締め切りが近づいたから、これを起きている間中、続けるということは可能だろうか。

原稿を書くときの腕の動きには、一定の特徴がある。同じペースで書いているなら、1分間の腕の動きの回数は、ある幅のなかに収まる。これを動きの「帯域」と呼ぼう。たとえば、原稿を書いている間、1分間に平均60回動き、速く動くときに70回になり、動きが少なめのときには50回だとする。これを動きの帯域が50〜70回／分であると呼ぶことにする。この1分間に平均60回の動きを続けたら、1日の動きの統計分布はどうなるか。これは、平均値60回／分のまわりに釣り鐘型に分布する正規分布になる。したがって、U分布にはならないので、このようなことは許されない。このようなことは、現実には起きないと断言できるのだ。

人前でプレゼンテーションをするとき、私は、1分間に120〜180回（平均150回）動くとしよう。プレゼンテーションを5時間行い、原稿を書くのを3時間行うというのは許されるだろうか。それも許されない。動きの統計分布が、U分布にならないからだ。U分布は、一方向に右肩下がりなので、身体の動きが活発な行動を、静かな行動よりも長時間行うことは許されない。U分布では、より素速い行動の時間は、より静かでゆったりとした行動よりも常に少ない時間しか許されない。もしU分布にしようとすれば、120回／分の行動をもっと少なくするか、60回／分の行動を、もっとすることが必要になる。

プレゼンテーションと原稿書きしかしなければ、使われていない帯域が生じる。50回／分以下、70〜120回／分、180回／分以上の帯域に相当する行動は、仮に私が予定に入れなくとも、U分布に従って時間が割り当てられるはずだ。私が原稿執筆で忙しいので、これを最優先にしようと考えても、これらの未使用の帯域には、それなりの時間を使わざるを得ないのである。敢えてそのようにしようとすると、たとえば、無理にスケジュールに従おうとして、見るからに気合いの入っていないプレゼンテーションになったり、原稿書きに集中できずうろうろ歩き回ったりということになって、結果としてさまざまな帯域の行動を使うことになると解釈できる。このように考えると、原稿執筆やプレゼンテーションで使われない帯域の有効利用が時間の使い方には重要課題であることがわかる。

また、我々が、1日のToDoとその各項目の時間配分を、自分の自由になると思っているのはまったく幻想であることもわかる。

「よく動く人＝仕事ができる人」と言えるか

このU分布がおもしろいのは、1日の身体運動の分布は動きの総数（あるいは時間あたりの動きの1日を通した平均数）というたった1個の変数でおおよそ決まってしまうことだ。動きの総数を決めると、U分布によって、どの帯域の行動にどれだけ時間が使えるかが決まる。これを我々は「活動予算」と呼んでいる。1日の総活動量（身体運動の総回数）を決めると、ある帯域の動きをともなう活動に割り当てることのできる活動予算も決まり、それを超えたバランスの時間は使えないのである。逆に、どんなに忙しくとも、それぞれの帯域には、予算分だけ時間を使わなければならない。

より具体的にいえば、1分間に60回以下の動きをともなう活動には、活動時間全体の半分程度の時間を使わないといけないことが実験からわかっている。1分間に60〜120回の活動は、さらにその半分で1日の活動時間の1／4程度の時間、1分間に120〜180回の活動は、さらにその半分の1／8程度の時間、180〜240回程度の活動は、そのさらに半分の1／16程度の時間を割り当てなければならない。

人によって、1分あたりの平均的な動きの数は異なる。この違いは分布図にも現れる。1分あたりの平均の動きが少ない人は、右肩下がりの傾きが急で、急速に減衰していく分布となり、動きの多い人は右肩下がりの傾きが緩やかで、減衰しにくい分布になる（図1−1では、この傾きの違いがなくなるように縦軸を正規化してある）。この傾きの逆数を「活動温度」と呼んでいる。これは統計力学において、右肩下がりのボルツマン分布の傾きの逆数によって物体の「温度」が定義されることのアナロジーである（巻末注3）。しかし、ここでは統計力学の詳細には踏み込まず、1分あたりの平均の動きが多いこと（あるいは同じことだが、1日の動きの総数が多いこと）を「活動温度が高い」と呼び、その逆を「活動温度が低い」と呼ぶと理解してもらえればいい。

この点に注目して実験結果を見ると、物に暖かい状態と冷たい状態があるのと同じように、人の活動にも活発な「熱い日」と、静かな「冷たい日」があることがわかる。

さらに、人によって活動温度が高めの「熱い人」と活動温度が低めの「冷たい人」がいることもわかっている。熱い人は平均120回／分程度動いている。逆に冷たい人は、平均60回／分程度である。

活動温度が高めの「熱い人」は、平均して動きが多い。活動温度が低めの「冷たい人」は、平均して動きが少ない。一見、活動温度が高い人の方が活動的で、より多くの仕事ができそうである。しかし、そう単純ではない。

活動温度の高い人が、原稿執筆のような比較的低い帯域の活動（動きの少ない活動）をする必要があるとしよう。実は活動温度の高い人は、高い帯域の活動（動きの活発な活動）にいやでも時間を使わざるを得ない。したがって、原稿執筆のような低い帯域の仕事にあまり時間を使うことができないのだ。つまりこのような人は、長時間机に向かって仕事をすることがむずかしくなる。

逆に、活動温度の低い人（すなわち、右肩下がりの分布図の傾きが急な人）は、高い帯域の仕事（比較的活発な動きをともなう仕事）をしようとしても、そのための活動予算が足りなくなりやすいのだ。したがって、これにあまり時間を使うことができない。

帯域ごとの活動予算を知ってすべての帯域を使いきる

人間の運動がU分布に従うことを考えると、結局、1日の時間を有効に使うには、さまざまな帯域の活動予算を知って、バランスよくすべての帯域の活動予算（エネルギー）を使うことが大切だと気づく。これを無視して、ToDoリストを作ったり、1日の予定を決めたりしても、結局はその通りにはならない。

単純素朴に立てた計画は、有害でさえあるかもしれない。なぜなら、この原則を知らないと、予定をこなせなかったのは自分の意志が弱かったためではないかと、自己嫌悪に陥るかもしれないからだ。

しかし、それは違う。ToDoを実行するのに必要な自分の帯域ごとの活動予算を単に使い果たしてしまったので、それ以上できなかったにすぎない。

ここで帯域という言葉を使っているが、これは、通信用電波の業界の言葉を流用している。電波による通信の業界では、このように帯域（周波数帯ともいう）ごとに活動を割り当ててすべての帯域を有効に使い尽くすという考え方は、当たり前のこととして実行されている。

電波は、ラジオ、テレビ、携帯電話、位置計測のGPSから料金所のETCまで幅広い用途に使われている。利用帯域が用途ごとに干渉しないことが必要だし、一方で、すべての帯域を使い切らないともったいないので、法律による規制によって用途ごとに電波帯域を決めてすべての帯域を使い切るようにしている。

しかし、人々の活動の帯域の方は、これまでこのような原理がわかっていなかったので、有効活用されていなかったはずだ。

ウエアラブルセンサを使えば、自分のどの活動がどの帯域を使うのかがわかるし、1日の活動予算も明確になる。その日のなかで、ある活動のための予算があとどれくらい残っているかもセンサによりわかる。自動車のガソリンの残りをメーターで見ながら運転するのと同じで、メーターを見ないときより、確実に目的地にたどり着けるようになるだろう。

気が進まなくなるのは活動予算を使い尽くしたからか

その意味では、現状の我々の生活は、残りのガソリン量をまったく知らずに、車を運転しているようなものだ。

そういうやり方をしたらどういうことが起きるだろうか。当然のことながら、突然、ガス欠になって車を動かせなくなる。人の場合には、1日の途中で、突然、ある活動のための予算を使い尽くすことになる。

活動予算を使い尽くすと何が起きるのだろう。おそらく、それ以上その活動ができなくなる、あるいは、やりたくなくなると推測される。

なんとなくそれ以上続けるのは気が進まなくなる、という経験は誰しもあるはずだ。そのときは、実は、活動予算を使い果たしていたのかもしれない。

それでも無理してやろうとすると、結局寝てしまったり、集中できなかったり（集中できなければ、集中しているときとは必然的に動きが変化し、異なる帯域を使うことになるので、U分布に反せずに続けられる）しているのではないかと考えている。

もしかしたら、予算がないなかで、無理をしてその活動を続けるというのが「ストレス」の大きな要因なのかもしれない。そのような研究も進めている。

さらに、人の「モチベーション」や「やる気」が起きるかどうか、続くかどうかも、このU分布に沿って活動を割り当てられるかどうかが大きな要因ではないかとも思われる。U分布からはずれた活動を無理にしようとするか、あるいはU分布に沿った活動をやろうとするか、ここが大きな分かれ道になる。

センサによる行動計測により、毎日の自分の使用済みの帯域と残りの帯域を可視化すれば、日々の行動に最適化できるところが、いくらでも見つかるだろう。

エントロピーとは何か。乱雑さを表す量？

人の活動がU分布に従い、身体の動きという有限の資源（エネルギーを一般化したもの）の制約を受けるというのは、我々の活動が自然法則の見えざる手の支配下で行われているということだ。

エネルギーによる制約を扱うのは、熱力学と呼ばれる科学の体系である。熱力学の体系が人間活動に関して成り立っても不思議ではないのだ。

熱力学には基本となる法則が3つある。

熱力学の第0法則は、系には「温度」の概念が存在することである。これは、ものには熱さ、冷たさがあるということだ。人の活動にも温度の概念を導入することが可能で、熱さ、冷たさがあることは述べた。

熱力学第1法則は、エネルギーの保存則である。すでに説明したように、宇宙のあらゆる変化の資源としてのエネルギーが全体では保存される。人の活動もエネルギーを一般化した「身体の動き」という総資源の制約を受けていた。

熱力学の第2法則は、エントロピーの増大法則である。これは後で説明するが、やはり人の活動にも適用される（熱力学の第3法則というのも知られているが、これは随分後に付け足されたもので、法則の普遍性もその他の法則より低いのでここでは取りあげない)。

ここで、エントロピーという言葉について説明しよう。

エントロピーという言葉は、もともとドイツの物理学者であるルドルフ・クラウジウスが19世紀の後半に考えた概念で、熱というものの不思議な性質を表すのに必要な概念として生まれた。その後、オーストリアの物理学者ルートヴィッヒ・エドゥアルト・ボルツマンが、エントロピーと原子の運動との統計的な関係を解き明かし実態が明らかになった。

このエントロピーは、普通、対象となるシステム(系)の「乱雑さ」や「でたらめさ」や「ランダムさ」を表すと理解されている(実は、これは正しくないのだが、それについては後ほど説明する)。

さらに、この「乱雑さ」は、一方的に増え続けて、決して減ることはないことが知られている。比喩的に、自分の机の上が乱雑になって整理できないいいわけを「エントロピーが増大するから仕方がないのだ」というような輩もいる。

さらに、宇宙全体でもエントロピーが増え続ける。したがって、宇宙全体はいつか、どんどん乱雑になっていき、しまいには完全に乱雑でランダムな「死の世界」がやってくるという暗い予測をする人もいる。

これを最初に言い出したのは、ドイツの生理学者・物理学者であるヘルマン・フォン・ヘルムホルツであり、「熱的死」と呼ばれている。しかし、これは宇宙が創成から140億年かけて、地球や豊かな自然の秩序や生態系を形成してきた現実と矛盾するので、古今、エントロピーの解釈については、議論が絶えないところである。

実は、このエントロピーが増えた世界を「でたらめでランダムな世界」「死の世界」と見る見方には、大きな誤解がある。エントロピーは「でたらめさ」の尺度と思われているため、エントロピーが増大した世界として多くの人がイメージしているのは、ランダムなノイズだらけの世界である。イメージとしては、乱数で作ったような乱れた世界で、美しい地球の自然の秩序や生き物の躍動がすべて壊されてしまった「沈黙とノイズ」だけの世界。たとえるなら、かつてテレビがアナログ放送だったころ、放送が終わった後に受像器に映った砂嵐、つまりホワイトノイズだけの世界だ。ホワイトノイズとは、あらゆる周波数（帯域）のノイズが均等に重なりあって生じるノイズで、非常に不規則なノイズだと考えられている。これがもっともでたらめな世界の究極としての「死の世界」のイメージである。

しかし、エントロピーが増えるとホワイトノイズの世界になるというのは、単純に間違っている。

これは統計分布をとればすぐにわかることだが、このようなホワイトノイズの世界で物質分子のばらつきの頻度分布をとれば、正規分布で表されることになる（図1－

3参照)。U分布にはならない。一様なノイズ、すなわちホワイトノイズの世界は正規分布で表される。一様なノイズがもたらす状態のエントロピーは低いのだ。

エントロピーの大きい状態とは、もっと自由に、大胆に、資源(エネルギー)を分配した世界である。一様にランダムな世界とは、むしろ真逆な状態である。U分布の方が、釣り鐘型の正規分布よりもずっとエントロピーの大きい状態なのだ。実はエントロピーが最大になる分布こそがボルツマン分布(U分布)であることは、統計力学の基礎で、講義でも最初に習う。

この章の前半で、正規分布とU分布の比較をした。そのとき図1－3に示したU分布の世界こそが、実はエントロピーの大きい状態なのだ。そこは、正規分布よりずっとばらつきが大きく、まだら模様が形成された世界、制約から解放されて、自由に資源のやりとりを繰り返した世界である。唯一制約されるのは、トータルの資源、エネルギーの総量である。

したがって、エントロピーとは、従来いわれてきたような「乱雑さ」「でたらめさ」の尺度と理解するべきではなく、むしろ「自由さ」の尺度であると考えた方がよい。少なくともその方が、誤解がない。

宇宙は、時間がたつにつれて、ビッグバンで生まれたときのしがらみ(一様さ)から解放されて、どんどん自由に、偏りが許されるようになっていくわけだ。このようにエントロピーを「自由さ」の尺度と捉えることは、実は、人間活動のエントロピーを考えるときには、ことさら重要である。

自由の牢獄——人間は自由だからこそ法則に従う

エントロピーの数学的な定義を与えたのは、オーストリアの物理学者、ルートヴィッヒ・エドゥアルト・ボルツマンである。

目に見えるマクロな世界の背後には、見に見えないミクロな世界（原子の世界）があり、ミクロ世界ではとてつもないスピードで無数の原子が移動や衝突を繰り返している。一見マクロには変化のないように見える物質中で、ミクロには変化が繰り返されているのである。しかし、その変化し続ける無数ともいえるミクロな状態（分子・原子の位置や移動速度）のどの組み合わせも、マクロな状態としてみれば同じものと見なされる。

ボルツマンは、温度や圧力などのマクロな性質を変えない範囲で、ミクロな状態がとりうる組み合わせの数を数え上げて、その総数の対数をエントロピーの数学的な定義とした。これが有名なボルツマンの式であり、ウィーンにあるボルツマンの墓標にも刻まれているものだ。

この意味は、マクロな状態を変えずに実現可能なミクロな状態の選択肢が広いということが、エントロピーが大きいことに対応するということだ。これは、エントロピーを「自由さ」の尺度と見る理解とぴったり一致している。

人間活動のエントロピーについても、この方法に沿って素直に定義することができる。ここでは、1分間に人が何回動くかによって人のミクロな状態を表し、ある期間内にとりうるミクロな状態の組み合わせの総数を数え上げ、その対数をとれば人間のエントロピーが定義できる。そして、これは人の活動の「自由さ」「束縛されていない度合い」を表している。

たとえば、同じ機械的な作業を一日中、強制的に繰り返さざるを得ない状況に置かれたとしよう。このとき、人の行動は、とりうる状態の組み合わせが少なく、エントロピーが低くなる。すなわち自由ではない状態になる。

逆に、1分ごとにサイコロでやることを変えたらどうだろうか。1分ごとに変えなければいけないという制約に縛られているため、一様なランダムな状態に近い。したがって、自由ではないので、エントロピーは低くなる。エントロピーの大きい状態とは、このようなあらゆる制約から自由な状態である。それが実はU分布で表される状態なのだ。

人間活動のエントロピーをこのように定義し、対象とする期間を次第に長くすると、エントロピーは一様に増えていく。エントロピーは増大していくのである。

このように、エントロピーが自然に増大するというのは、我々や宇宙が、さまざまな制約から解き放たれて自由であることを、自然法則が後押ししている、ということだ。

ところが皮肉なことに自由には代償がともなう。常に自由であれ、ということは、それ自体が、逆説的であるが、制約になってしまう。

『はてしない物語』や『モモ』で有名なドイツの作家ミヒャエル・エンデの作品に『自由の牢獄』という話がある。自由に選択できることが、本人を苦しめる制約になっていく話だ。

状況は違うが、自由度を認めるということが、制御のしにくさになってしまうわけだ。これが、結果として人の「活動の効率」を制約する。すでに議論してきたように、この自由さゆえに、人は一つの活動だけに時間の100%を使うことはできない。これは、業務の生産性や人生の時間の使い方などあらゆることの制約になる。

人間の活動の限界は熱力学の公式によって表せる

物質の世界では、このエントロピー増大に起因する「効率の制約」については、すでに理論ができている。エントロピーの増大により、発電所やエンジンの効率が制約されるということも、その理論から導かれる。

熱を動力に変える装置を熱機関という。原子力発電所も、火力発電所も、自動車のガソリンエンジンも、熱機関である。

熱機関の効率、すなわち熱効率には上限があることは広く知られている。たとえば、原子力発電所では、核分裂で生じた熱により水蒸気を発生させ、これによりタービンを回してエネルギーを発生させている。しかし、エントロピー増大の制約により、熱からエネルギーへの変換効率は、どんなに技術が進歩しても、100%にはならないのである。この効率は、エネルギーのコストに直接関係するので、経済的にも極めて重要な値になる。

人間の活動は熱機関とは異なるが、人間の活動もミクロな要素間の資源分布やエントロピー増大則が、物質の場合と同じ形の法則に支配されているため、人間の活動は熱機関と同じ制約を受ける。

人間活動にはいろいろな側面があるので、効率の定義もいろいろありうるが、ここでは、熱力学のアナロジーでもっとも機械的に定義できるものとして、活動の効率を以下のように定義してみよう。すなわち、全活動時間を分母とし、この活動時間内に目的の活動に投入した時間を分子にして割ったものを「活動の効率」と定義する。目的とする活動に使った時間の比率が活動の効率だ。ある活動に、時間をどれだけ使えたかの比率を活動の効率と呼ぶわけだ。

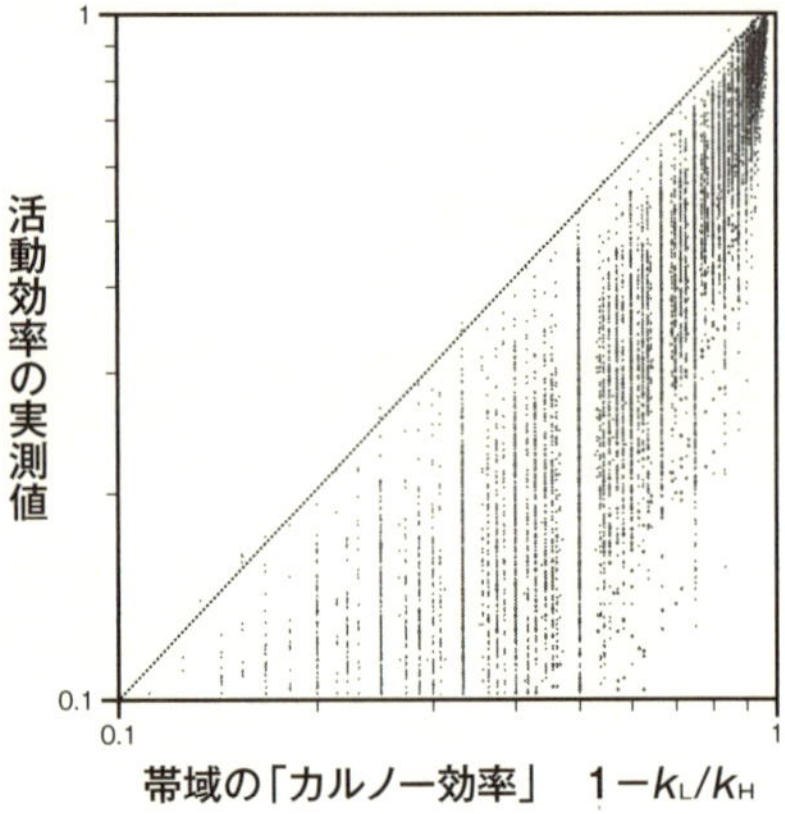

図1−4　人間の活動効率が、熱効率と同じ式によって制約されることを実証するデータ。活動効率は、対象とする活動の帯域（その帯域の下限を k_L、上限を k_H とする）によって制約される。

もし自由意思で本人が自分の活動を選択できるならば、活動効率は100%まで向上できる。しかし、人間の活動が熱力学に従うとすれば、この活動効率はある上限に制約されるのだ。エントロピー増大則は、活動の「自由さ」を認めなければならないということだ。自由であるということは、一つの活動のみに資源を集中させるわけにはいかないということである。自由を認めることは、皮肉なことに、活動の時間に制約が加わるということなのである。

これは熱機関の効率がエントロピー増大則により制約されるのと同じことである。原子の動きが「自由」であるがゆえに、熱機関の効率は制約される。

物理学では、熱機関の効率の上限が「カルノー効率」と呼ばれる簡単な数式で表されることが見出されている。カルノー効率は、「熱をもらう高温源の温度と熱を捨てる低温源の温度との比を1から引いたもの」によって決まる。これが大きければ、効率は高くなる。

たとえば、高温源が摂氏１００度（絶対温度で３７３度）で、低温源が摂氏０度（絶対温度で２７３度）の熱機関の場合には、カルノー効率は、1－(273/373)≒0.268なので、26・8％以上の効率は決して得られないことがわかる。フランスの軍人・物理学者サディ・カルノーが蒸気機関の効率には上限があるのかを研究した結果、得られた式である。

前述のように、物質の熱力学と人間活動を対応させれば、熱機関の効率の上限を表すカルノー効率の式を人間の活動にも適用できる。つまり、人間の活動についても効率の上限がある。しかも驚くことに、数学的には、カルノー効率と同じ式が成り立つのだ。我々が見出した人間活動の効率の限界を定める式とは次のようなものである。すなわち、「ある活動を行う際に使われるもっとも活発な動きの値（○○回／分のように表される）と、もっとも穏やかな動きの値の比を1から引いたもの」が人間の活動の効率の上限となる。つまり、その活動が使用する人間の活動帯域の上の値と下の値によって、効率が制限されるというのである。

たとえば、原稿の執筆の場合、1分間の動きは50〜70回の幅に収まるとしよう。とすると、その効率の限界＝「カルノー効率」は、1－50/70≒0.286となるので、効率の限界は28・6％となる。このことから、1日の活動時間のうち、原稿執筆には28・6％以上を割くことは決してできないと予想される。

これは本当だろうか。我々は、前述の9000時間のデータを使って、あらゆる帯域の「活動効率」をプロットしてみた。さまざまな帯域をランダムに選び出し、その動きの値の上限と下限から「カルノー効率」を算出した値と、その帯域が実際の計測で活動時間のうちどのくらいを使っていたかをデータから調べてプロットしたグラフだ。きれいにこのカルノー効率の式を上限にした領域に収まることが証明された（図1－4）。

人間の活動は、まさに熱機関と同じ制約下にあることがわかったのである。

人の自由と制約

ここまでは、人間の行動が自由であることによって制約されているということを考えてきたが、今度は人間の自由そのものが制約されているかをエントロピーから考えてみよう。

図1－1の分布のグラフを見ると、厳密には、230〜300回／分のあたりで折れ曲がって、急速に減衰している。腕の動きはむやみに高速に動くことはない。およそ、300回／分のあたりを上限にそれ以上の値は例外的にしか起きないのでこのようなグラフになる。このような原理的に起こらない上限のことを専門家は「カットオフ」と呼ぶ。U分布で近似されるのは、このカットオフ前の限られた領域である。

しかし、これ以外の中間領域にも、直線に完全には乗らない部分が、人や時期によって、見つかることがある。つまり、直線からの多少の「ずれ」がある場合がある。完全に人の活動のエントロピーが最大化されているならば、きれいに直線に乗るので、この「ずれ」の度合いは、エントロピーの最大値からの「ずれ」を表す。エントロピーは、活動の自由さの尺度だから、この「ずれ」は、自由が制約されている度合いを示していることになる。

この「ずれ」をより詳しく調べることにより、その人が仕事や家庭の場において、どれだけ自由でないか、束縛されているかが定量化される。今後、この研究を進めて、人のストレスやメンタルヘルスとの関係なども明らかになっていく可能性がある。第2章、第3章では、この行動の制約の意味がより明確になっていくであろう。

第2章

ハピネスを測る

人間の幸せを制御するテクノロジーは可能か

テクノロジーは、社会を変えてきた。それは経済活動を高め、生活水準を豊かにしてきた。ドラッカーによれば、20世紀には、肉体労働の生産性が50倍向上したとされる。これには、テクノロジーが大きく寄与している。

我々に身近なところでも、この30年間の情報技術の進歩はめざましい。パソコンが身近になり、電子メールや携帯で即座に連絡ができるようになり、書類やプレゼンを電子ファイルとして作成するようになり、これらにより、仕事の生産性は向上してきた。これは疑いないところであろう。

とはいえ、テクノロジーは我々を幸せにしているだろうか。

これはまったく違う問題だ。メールボックスにたまる大量のメール。さまざまな関係者から気ままにやってくる割り込みや問い合わせ。そして、メールにきっちりと対応しようとすると1日はメールのお守《も》りをするだけで終わっていく。その一方で、重要な課題には、ほとんど時間が使えずに、人生が流れていく。休暇に南の島のビーチにいても、常にメールや携帯の着信が気になる。休まることなく。そんな状態になっている。

しかし、テクノロジーは、今後、幸せを増倍するものにならないだろうか。

テクノロジーは、科学的な知見にもとづき、複雑なシステムを制御してきた。たとえば、自動車をスムーズに加速したり、複雑な首都圏の列車の運行を制御したりしてきた。複雑なものを望む状態に制御してきた。

システムを制御し、最適な状態にするときには、「システムの望ましい状態」とはどんな状態かをまず決める必要がある。人間というシステムに関する答えを人類はまだ明確に持っていない。古今の宗教や哲学はその答えを求めてきた。これらの知恵のなかに答えはすでにあるかもしれない。まだわかっていない何か秘密があるかもしれない。

それでも、この人間の望ましい状態を表す言葉だけはすでに広く使われている。それが「幸せ」あるいは「ハピネス」だ。

人間の幸せを制御することができれば、そのインパクトは大きい。

しかし、人間は、これまでテクノロジーが制御してきたどんなものよりも、はるかに複雑なシステムであるし、幸せとは、人によって、さらに国や文化によって違うものだという見方もあるだろう。統一的な議論などできないのではないか。

だが、前章で見てきたように、万物を支配する物理法則は、拡張した形で人間にも適用できた。エネルギーやエントロピーや温度の概念さえ、人間行動に一般化できた。

ハピネスにも、この科学的アプローチは可能かもしれない。統一的な科学があるかもしれない。

人間という複雑系を制御することはできるだろうか。幸せを測り、制御することはできるだろうか。それが本章の問いだ。[1]

幸せの心理学「ポジティブ心理学」

実は、この人間のハピネスに関する学問が、この10年間に急速に進歩している。１９９０年代までの心理学は、心の病を抱えた人の治療や分析に注力してきた。たとえば、ウッディ・アレンの代表作『アニー・ホール』は１９７７年に創られアカデミー賞を受賞したが、そこで描かれるニューヨークの知識人の日常生活のなかにカウンセリングなどの心理学の影響が浸透している様子が描かれている。

その一方、健全な人の心の状態やその幸せを研究することは少なかった。実は、これを変えようとする動きが、この10年急速に進歩しているのである。それが「ポジティブ心理学」である。

カリフォルニア大学リバーサイド校のソニア・リュボミルスキ教授は、この幸せ＝ハピネスの研究の第一人者である。[2] 教授の著書『ハピネスの方法（The How of Happiness）』の内容からハピネス研究の概要を紹介しよう。まず、ハピネスは測れるだろうか。ポジティブ心理学では、インタビューやアンケートで人の心という目に

見えないものを定量化し幸せを研究している。意外なことに、

1　全般に、あなたは幸せな人ですか

2　まわりの人に比べて、自分のことを幸せだと思いますか

（1〜7の数字で回答する。まったく当てはまらないが1。まったくその通りが7）

というような単純な質問に答えてもらうだけで、幸せを大まかに定量化して数字にできる（心理学では、このようなアンケートを「質問紙法」とか「質問紙による調査」などという）。

このようにして定量化することで、幸せとさまざまな要因との関連の研究が進展し、幸せとは、我々の直感とは、まったく異なるものであることが明らかになってきた。

まず、「幸せ」は、生まれ持った遺伝的性質に影響されることがわかっている。これは、地道な双子の研究から見出されたことだ。

一卵性双生児のデータベースの蓄積とその研究は、この遺伝の影響を明らかにして、幸せについても研究が進んだ。一卵性双生児は、互いに遺伝的な特性が同じである。すなわち同一のDNAを持つ。しかし、さまざまな事情によって、別の家庭で育てら

れたというケースが少なからずある。もちろん、同じ家庭で育った方も多い。それらの方々のデータを地道に集めるわけである。そうすると、同じ家庭で育った一卵性双生児と違う家庭で育った一卵性双生児の違いがわかる。そこから、遺伝的な影響と、家庭などの生まれてからの環境の要因を分離できるわけである。

このような地道な研究の結果、幸せは、およそ半分は遺伝的に決まっていることが明らかになった。うまれつき幸せになりやすい人と、なりにくい人がいるということである。

すべては努力で変えられる、と信じたいところであるが、やはり遺伝は影響している。

遺伝的に影響を受けない残り半分は、後天的な影響である。半分は、努力や環境変化で変えられる。これは、変えられる部分が意外に大きいとも捉えられるのではないだろうか。

この後天的な部分をさらに分けると、驚くべきことが発見された[3]。

我々は普通、結婚してよき伴侶を得たり、新しい家を購入したり、たくさんボーナスをもらったりすると、自分の幸せが向上すると思う。リュボミルスキ教授の定量的研究によれば、これらには、案外小さな効果しかない。

逆に、人間関係がこじれたり、仕事で失敗したりすると、我々は不幸になると考えている。ところが、実際にはそうでもないというのだ。人間は、我々が想像するよりはるかに短期間のうちに、よくも悪くも、これらの自分のまわりの環境要因の変化に慣れてしまうのだ。

この環境要因に含まれるものは広い。人間関係（職場、家庭、恋人他）、お金（現金だけでなく家や持ち物などの幅広い資産を含む広義のもの）、健康（病気の有無、障害の有無など）がすべて含まれる。驚くべきことに、これら環境要因をすべて合わせても、幸せに対する影響は、全体の10％にすぎないのだ。

私は、この結果を知ったとき、大きな衝撃を受けた。一方で、本当だろうか、と疑った。しかし、これは大量のデータに裏付けられて慎重に統計解析された結果なのである。

私を含め、多くの人は、ここでいう「環境要因」を向上させるために日々努力している。その結果が、後ほど幸せに結びつくと信じているからだ。しかし、データによれば、これは無駄ではないが、幸福感にはあまり効かない。我々の思い込みの部分が大きいのだ。

それでは、残りの40％は何だろう。それは、日々の行動のちょっとした習慣や行動の選択の仕方によるというのだ。特に、自分から積極的に行動を起こしたかどうかが重要なのだ。自ら意図を持って何かを行うことで、人は幸福感を得る。

そうだとすれば、ちょっとした行動を変えることでハピネスを高めることができる。たとえば、人に感謝を表す、困っている人を助けてあげる、という一見簡単なことでも、実はハピネスは格段に高まるのである。

行動を起こした結果、成功したかが重要なのではない。行動を起こすこと自体が、人の幸せなのである。

「行動の結果が成功したか」ではなく、「行動を積極的に起こしたか」がハピネスを決めるというのは、実は、我々一人一人にとっては、とてもありがたいことだ。成功はなかなか得られるものではない。仮に、いつか得られるとしても、それまでは、ともかく我慢して努力する必要がある、というのが従来の捉え方だったかもしれない。ハピネスにいたるには長くハッピーでない道のりと忍耐の時間が必要だと捉えられてきた。

行動すること自体が、ハピネスだとすると、幸福になるための発想がまったく変わる。極端にいえば、今日、今このときにもハピネスは得られるかもしれない。ただし、それには行動を変える必要がある。

捉え方によっては、これは人間とテクノロジーの関係にとって、新たなチャンスでもある。上記の議論から、人生に幸福をもたらすテクノロジーが可能だとすれば、それは人が行動を変えることを支援するものになるのではないか。

これは、従来のテクノロジーの役割とは大きく異なる。従来のテクノロジーは、それまで時間や手間のかかっていた作業をコンピュータや機械で置き換えることでユーザーを便利にし、省力化することを役割としてきた。むしろ、今まで人間が行動してきたことを、行動しなくてもよくすることが、テクノロジーの役割であった。

これに対して、このハピネスのためのテクノロジーの発想は、真逆である。新たな行動を自ら起こすように、テクノロジーが支援するものになる。

人が楽になる環境を提供することがハピネスを高める効果は、ハピネスの理論における環境要因の改善にあたり、最大でも全体の10％しか寄与しない。それに対して、人が積極的に行動を起こすことを可能にすれば、40％の大きな影響を持ちうる領域だ。インパクトがまったく異なる。

ただし、むずかしいのは、自ら行動するように、人に指示したり命令したりするということはできないということだ。「自ら行動する」ということと、「指示する」というのは、互いに矛盾する。この矛盾をいかにして解決できるだろうか。後ほどその一つの答えを紹介する。

社員のハピネスを高めると会社は儲かる

もう一つの明らかにしておくべき点がある。仮にハピネスが得られても、ただの自己満足だけで終わらないだろうか、という疑問である。

これについてもすでに大量データによる研究がなされている。

幸福な人は、仕事のパフォーマンスが高く、クリエイティブで、収入レベルも高く、結婚の成功率が高く、友達に恵まれ、健康で寿命が長いことが確かめられている。定量的には、幸せな人は、仕事の生産性が平均で37％高く、クリエイティビティは300％も高い。

重要なことは、仕事ができる人は成功するので幸せになる、というのでなく、幸せな人は仕事ができるということだ。そして、ハピネスレベルを高めるのは、成功を待たずとも、今日ちょっとした行動を起こすことで可能なのである。

もちろん、それは成功を保証はしない。しかし、成功の確率を格段に高める。創造的に、生産的な仕事を楽しみ、恵まれた結婚生活を継続し、健康と長寿が得られる確率が高まる。

経営に関するもっとも権威のある雑誌である「ハーバードビジネスレビュー」の2012年の2月号では「社員の幸せで会社が儲かる」の特集号が組まれた[4]。

これまで会社と社員の関係については、両者の対立軸で語られることが多かった。単純化すれば、会社が社員をたくさん働かせれば、会社の得で社員の損、逆になれば会社の損で社員の得という見方だ。

もちろんこれまでも、会社は従業員満足や労働環境を高めることには一定の努力をしてきている。しかし、それはあくまでも社員の満足を一定以上に高めないと社員の定着率が低下したり、身体や精神面での健康を害したりして、結果として、会社のトータルコストが増えてしまうから、という意味合いが強かった。

たとえば、せっかく教育して戦力化した社員がやめると、新たな人員の教育にコストと時間が必要になる。すなわち、社員の幸福を高めることは、一種の「必要悪」的な捉えられ方をしてきたのが実態だと思う。

これが変わりはじめている。社員が幸せに働くことは、社員本人にも会社にも両方を利するという見方がはじまっている。このような知見の集積、見方の変化が先の「ハーバードビジネスレビュー」の特集号が組まれた背景にある。この動きをプッシュしているのが、リュボミルスキ教授をはじめとするポジティブ心理学の地道な研究結果である。

しかし、この考え方を実験で詳細に検討したり、社員の幸せを向上させる施策の効果を測ろうとしたりすると、従来の心理学の方法には、重大な制限がある。それを超える鍵を握っているのが、本書で紹介しているセンサ技術である。

幸せを感じていることをセンサで測ることができる

私が米国出張の乗り換えでシカゴのオヘア国際空港の書店に入ったときにレジの前に平積みされていたのが、リュボミルスキ教授の『ハピネスの方法（The How of Happiness）』であった。飛行機で読み進むうちに、幸福に関する科学的な新しいアプローチが読み取れた。是非、一緒に仕事がしたいと思い、早速、ご本人に連絡をとり、ロサンゼルスの郊外のリバーサイドにある教授の研究室を訪問した。

人間の計測と定量データ解析を専門とする私と、幸福の心理学が専門のリュボミルスキ教授のユニークなコラボレーションがここからはじまった。リュボミルスキ教授は、私の人間行動の計測収集技術の紹介に対し、すぐにその価値を理解してくれた。このセンサに、従来の質問紙を使った心理学の研究の限界を超えるものを教授は感じたのだと思う。

リュボミルスキ教授の研究によれば、ハピネスを高める施策を行えば、人の行動も変わると予想された。しかし、従来、それを計測するのはむずかしかった。このセンサがあれば、それを具体的に検証できる。

さらに、人のハピネスは、その人のまわりの人に伝搬し、ハピネス増進の輪を自律的に拡げていくだろうと教授は考えている。このような人と人との関係性を捉える手段はそれまでなかった。このセンサを使えば、そのような定量化も可能になると考えたのだ。

ほどなく、我々は最初の共同実験を行った。対象は、ある企業の研究開発プロジェクトである。このプロジェクトは、短期間で革新的な製品を生み出すため、多様な分野の技術者を集めたプロジェクトだった。

プロジェクトが越えるべきハードルは高かった。製品の具体的なコンセプトはまだ明確ではなく、しかも、革新的でインパクトのある成果を期待され、それでいて、期限が厳しく制限されていた。

このプロジェクトのリーダーは、この先の見えにくい状況で、メンバーが高いモチベーションを持って協力しあうことが成功の鍵だと考えていた。我々はこのために、人間計測を用いたコンサルティングで支援することになった。特に、メンバーのモチベーション向上とコラボレーション強化を支援することとした。

その一環として、プロジェクトのメンバーにリュボミルスキ教授の考案したハピネスを増やす施策の実験に協力してもらった。

参加メンバーは、実験群と対照群にランダムに分けられた。いずれも、今週経験したことを3つ書き記してもらう。ただし、実験群のメンバーには、今週あった「よかったこと」を書き記してもらう。これに対して、対照群のメンバーには、今週あったことを「よかった」などの評価をせずに中立的に報告してもらう。いずれにせよ、週にたった10分の施策である。これを5週間繰り返してもらった。また、質問紙による幸福感やその他職場に関する感想や意識の調査を並行して行い、この後も2ヶ月行った。

さらに、このメンバーたちには、我々が開発した名札型のウエアラブルセンサ（英語名HBM=Hitachi Business Microscope、日本語名は「ビジネス顕微鏡」）を毎日装着してもらい、具体的に行動がどう変化したかも計測した（図2－1）。

このウエアラブルセンサは、世界に先駆けて著者のグループが開発したもので、マネジメントに関するもっとも権威のある雑誌である「ハーバードビジネスレビュー」[5]誌2013年9月号において「歴史に残るウエアラブル装置」として紹介されている。

ウエアラブルセンサは、名刺サイズで名札のような形状をしており、首にぶら下げるようにつくられている。会社に朝出勤したら、充電器に挿してあるセンサをとって、首にぶら下げる。後は、1日普通に仕事をする。帰宅時には、もとの充電器に挿して帰る。この充電器は、データ収集の入り口にもなっている。ここからインターネットを介して、データセンタに、夜のうちにセンサデータが送られる仕組みである。

このセンサには、人と人との面会を検出する赤外線センサが埋め込まれている。このセンサをつけている人どうしが前にいることを検出し記録するのだ（正面に立っていなくても、斜めの方向にいる人や真横にいる人も検出するように6個の赤外線のセンサが、角度を変えて搭載されている）。会議や立ち話などをしていると、その時刻にその人に面会していたという記録として残る。

これ以外に、体の揺れと向きを検出する加速度センサ、周囲の音量のセンサ（これにより面会時に会話していたかどうかがわかるが、会話の内容は記録されない）、周囲温度を測る温度センサ、周囲の明るさを示す照度センサが搭載されている。これらの物理量が刻々変化する様子が、時刻とともに名札型センサのなかに記録され、これがサーバに転送され、蓄積される。

実験の結果は明確に出た。質問紙による調査から、「よかったこと」を書いてもらったメンバーは、中立な書き方をした場合に比べ、ハピネスレベルが高まり、組織への帰属意識が高まったことが明らかになった。

このような内面の変化は、社員の行動にも違いとして表れた。本人も意識していない形で行動は変化していたのだ。

人は、時間帯により活動量が変わる。この活動量は、加速度センサで定量化できる。人の活動量は、朝から次第に上昇し、午後にピーク時間を迎え、その後、低下していく。今回「よかったこと」を書いてもらったメンバーは、朝から活動量の立ち上がりが早くなり、ピーク時間がより前倒しされた。同時に、帰宅時間が早まった。ハッピーな社員は、早い時間から活力に満ちて仕事にとりかかり、早く仕事を終えて帰宅できるようになった。

これが週にたった10分「今週よかったこと」を書いたことで実現されたとは驚くべきことだ。人のハピネスは、意外に小さなことが決めていることが実証された。

さらに重要な発見は、ハピネスと身体活動の総量との関係が強い相関を示しているということ。つまり、人の内面深くにあると思われていたハピネスが、実は、身体的な活動量という外部に見える量として計測されたことになる。したがって、ハピネスは加速度センサによって測れるのである。

もう一度いおう。幸せは、加速度センサで測れる。

幸せというと一人一人でユニークに違うものというイメージを持っている人が多い。ここで、明らかになったのは「幸せな人の身体はよく動く」という単純で共通の事実である。

もちろん仕事が違えば、その業務によって、どれだけ動かなければいけないかは変わる。しかし、同じ人で見ると、幸せになると、より動く頻度が増えるというのは、意外な発見である。

仕事などの条件が違う人どうしを比べて、動きの量の大小によって、どちらの人が幸せかを論じるのは、意味はない。しかし、より幸せになった人は、より動くように

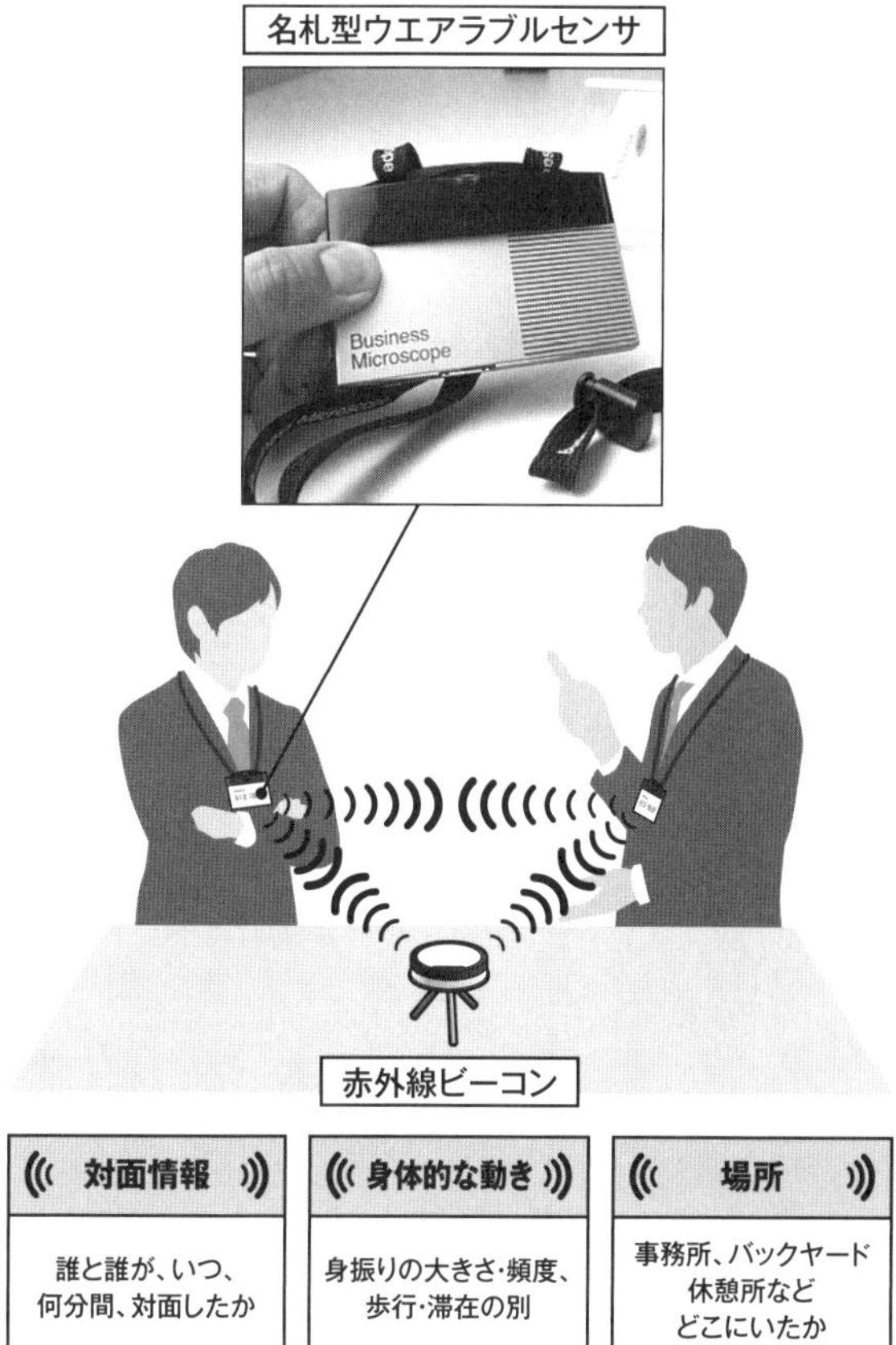

図2−1　名札型ウエアラブルセンサとその機能。人の身体運動、対面情報、位置情報などを記録できる。人の位置を記録するには、その場所に赤外線ビーコンを設置する。

る。

なるのは事実だ。これは幸せが、積極的な行動と強く結びついていることとも整合す

第1章では、1日の7万回という「有限の動きの回数」が、時間の使い方を、無意識のうちに制約していることを見た。

そしてここで、より「幸せ」になると「動きが増える」ことを見つけた。積極的な行動をとると、人は動きが増えるのだ。これは第1章で使った熱力学・統計力学のアナロジーでいうと、「活動温度が高くなる」「熱くなる」ことに対応する。動きの増加、つまり「熱くなる」ことが幸せの身体表現となっているのだ。

さらに、このセンサを使った人の心の研究は、これまでの心理学研究にはない新たなフロンティアを拓きはじめている。

従来の心理学の研究では、被験者に質問に答えてもらうことで、「心」という捉えどころのないものを数値化してきた。このようなアンケートのことを学問の世界では質問紙と呼ぶ。

しかし、これには大きな制約がある。質問紙は、回答者がある時点で感じたことを記録するスナップショットして貴重な情報を含んではいるが、時間ごとの変化を捉えにくい。同じアンケートに何度も回答してもらうのは、被験者にも調査を行う側にとっても負担が大きく、現実にはやりにくい。また、何度も同じ質問に答えていると、

最初のときと質問の捉え方が変わってしまう。それは精度を下げることになる。

これらの制約から、多くの心理学者が、質問紙に頼るやり方には限界を感じているのが実情だ。センサによって身体の運動から人の心を測ることができれば、これが変わる。継続的に変化を計測できるようになるからだ。そのため、センサで客観計測した人間・組織の大量データには、大きな期待が寄せられている。

行動に隠された符号を読み解く

ここで、センサデータと人の心を問う質問とを、互いに掛け合わせることの重要さを説明したい。

センサは、各時刻に計測したデータを客観的に記録する。時々刻々、測った量の変動を表す波形となる。たとえば、先の実験で用いた加速度センサなら、空間の向きを表す x 軸、y 軸、z 軸の方向にどれだけの加速度があったかが、50分の1秒ごとに記録されている。

しかし、その延々と続く大量の数値の意味は、そのままでは理解できない。一人あたり毎日1000万個を超える数値の系列が収集される。この大量の数字の列には、ミリ秒のスピードで変化する特徴が含まれている一方、加齢の影響などのように年単位で変化するような特徴も含まれているはずだ。この複雑な数字の列を読み解くのが大きな課題である。

人の行動のデータには、見えない内面にある「心」を表す情報が豊かに含まれている。精神的に落ち込んでいるときは、人は歩くときも肩を落として、体の動きに元気がなくなる。さらに会話時の動きにも心の状態が現れる。たとえば、会話の相手に好意的なときには、身振りなどの身体の動きが躍動的になる。逆に、会話の相手に不信感を持っているときには、相手の言葉への身体運動の反応が抑えぎみになる。

これをつぶさに見れば、幸せを含む、人のあらゆる心の動きや感情は、加速度センサなどで測れる行動のパターンとして符号化され、データのなかに埋め込まれている可能性がある。しかし、データはただの数字の列である。どうすれば、その意味を読み解くことができるだろう。

ここで、リュボミルスキ教授などの心理学者が長年研究してきた、心の状態を測る質問が威力を発揮する。たとえば、

「あなたは幸せな人ですか。1から7の数字でお答えください」
(よく当てはまるときには7を、まったく当てはまらないときには1を答える)

という質問である。あるいは、

「過去1週間に不安や心配を感じましたか」
「全般に仕事に満足していますか」
「あなたは今日、自分の能力を発揮していますか」
「積極的に、業務の問題を解決していますか」
（いずれも1から7の数字で答える）

というような質問である。

このような質問により、人の心の状態を数値にすることができる。これにより、それぞれ、「幸せ」「不安・心配」「仕事の満足」「能力の発揮」「積極的な業務問題の解決」が1から7の数値になる。このような質問により、言葉で表すことができる心の状況は、何でも数字にすることができる。

もちろん、そこには、誤差がつきものだ。しかし、多くの人の答えを集めれば、統計的に「幸せな人」「不安・心配な人」「仕事に満足する人」「能力を発揮している人」「積極的に業務問題を解決する人」に共通する傾向が得られ、誤差を小さくすることができる。これと、質問紙の回答者たちの大量の行動データを合わせると、データに隠された意味が浮かび上がる。

センサで測った行動データは、数字の列である。これからその人の身体運動の特徴もまた数字で表すことができる。たとえば、赤外線の対面センサと加速度センサのデータを組み合わせることで、人と面会している（相手から赤外線の信号を受信している）ときに、身体をよく動かすかどうか（1分間に何回身体を動かすか）が定量化できる。すなわち、

「会話するときの、身体運動の量」（毎分何回身体を動かすか）

を、数値として定量化できる。この数値には、人により、大きい人と小さい人がいる。この数値が大きい人の集団と、前記のさまざまな質問への回答を比べてみると、実は

「積極的に問題解決する人」

の集団とよく一致するのである。すなわち、「会話時に頻繁によく動く」のは、「積極的に問題解決する人」に共通の特徴なのである。積極的に問題解決しようとすれば、前向きな会話が必要で、そのときの身体の動きは活発になるのである。

このような対応関係を、大量の行動データと質問への答えから、コンピュータによ

り見出せば、我々の身体運動に隠された意味をくみ取ることができる。

センサで記録した大量の身体運動や行動のデータの数値列は一種の暗号である。我々は、この暗号を解読しようとしている。しかし、その暗号解読の規則を知らない。質問紙への答えは、暗号解読のためのヒントにあたる。これがあれば、大量データを丹念に調べることにより、その暗号解読の規則を見つけることができる。

この例でいえば、センサで計測した数値列のなかに暗号として組み込まれた「積極的に問題解決する」というメッセージは、実は「会話時の動きの頻度」という規則で解読できることになる。

データには「会話時の身体運動の量」以外にも無数の特徴が埋め込まれている。たとえば、「1日の動きの総数」「出勤時刻の日々のばらつき」「会話する相手の数」などである。我々は、データのなかから1万個を超える特徴を抽出し、これと質問の答えとの対応関係をコンピュータで調べることにより、人の行動に潜むメッセージの解読作業を行っている。

この研究が進めば、人間行動データに潜む意味をすべて解読することも夢ではない。人の遺伝情報を解読したのは、10年ほど前のことだ。人の行動の解明は、それに負けず劣らず重要だ。

なかでも、価値の高いのは、幸せに関わるメッセージの解読である。それが解読されれば、この行動データを使って幸せを計測し、制御する技術が可能になる。それは、個人にも、ビジネスにも、行政にも大きなインパクトをもたらすだろう。

休憩中の会話が活発だと生産性は向上する

我々はすでに、定量データを用いて、人の身体運動に秘められた意味を解読することで、幸せと生産性を同時に制御することに成功しはじめている[6]。

その舞台はコールセンタだ。コールセンタとは、企業の電話窓口である。実は、コールセンタは、人間行動の定量的な研究にうってつけの特別に重要な場所なのだ。なぜなら、多数の電話のオペレータが「電話をかけて注文をとる」という同じ仕事を毎日繰り返しており、その結果として、受注できたか、できなかったか、それぞれの電話にどれだけの時間がかかったか、などの定量的なデータが大量に残されているからだ。この大量のデータは、人の生産性とそれを決める要因を調べるのには格好の材料だ。

しかし、コールセンタでも、従来は人間の行動が逐一記録されてきたわけではない。特に、電話口を離れた休憩所での行動や、上司からどんな指導がどんなタイミングでなされたか、などの人間的な側面は計測されてこなかった。

我々が開発した名札型のウエアラブルセンサ技術を使えば、これらの人間行動も含めた網羅的なデータ（これを「ヒューマンビッグデータ」と呼ぶ）が得られる（図2－1）。大量の業務データとこれら人間行動のデータを合わせれば、人の生産性やハピネスを決める要因を調べることができると期待された。

実際に、コールセンタで実験をやってみた（写真2－1）。この実験は、株式会社もしもしホットラインと日立との共同で行われた。コールセンタには、電話をかけて商品やサービスを売り込む場合（これをアウトバウンドと呼ぶ）と顧客からかかってくる問い合わせなどの電話に対応する場合（これをインバウンドと呼ぶ）とがある。ここで実験を行ったのは、あるサービスを売り込むためのアウトバウンドのコールセンタである。

写真2-1　計測したコールセンタ（株式会社もしもしホットライン）。

実際の電話をかけるオペレータとその監督やサポートを行うスーパーバイザなどの関係者全員に名札型のセンサを装着してもらい、コミュニケーションや各時刻の居場所や名札の揺れのパターンなどを計測した。さらに、オペレータのスキルレベルや経験年数などのデータを関連づけ、パーソナリティなどを把握するためのアンケート調査も行った。1時間に、電話で売り込みに成功する件数を「受注率」と呼ぶが、このデータも収集した。

この結果、驚くべきことがわかった。コールセンタ全体の受注率は、日々異なるのだが、当初この原因は、オペレータとして働いているメンバーが日々入れ替わっていることにあるのではないかと考えられた。オペレータのなかには、週のうち一部だけ（たとえば3日だけ）働くようなオペレータも多いからだ。

このため出勤している人の平均的なスキルレベルを見てみると、毎日変動している。当初、出勤者の平均スキルの高い日は受注率が高くなり、逆に、平均スキルが低い日は受注率が低くなるのではないかと予想していた。

しかし、データを見てみると、そのような相関はなかった。関係者は、スキルが受注に強く影響すると何の疑問も持たずに考えていた。しかし、計測してみると、それは事実ではなかった。

電話での応対には、性格的な向き不向きがあるとも考えられてきた。しかし、このパーソナリティと受注率との相関を調べてみても、相関はなかった。

実は、受注は、意外なことと相関していた。それは、休憩所での会話の「活発度」である。休憩時間における会話のとき身体運動が活発な日は受注率が高く、活発でない日は受注率が低いのである（図2－2）。ここで会話の「活発度」は、オペレータが首からぶら下げた名札型センサの揺れのパターンに表れたものから指標を作っている

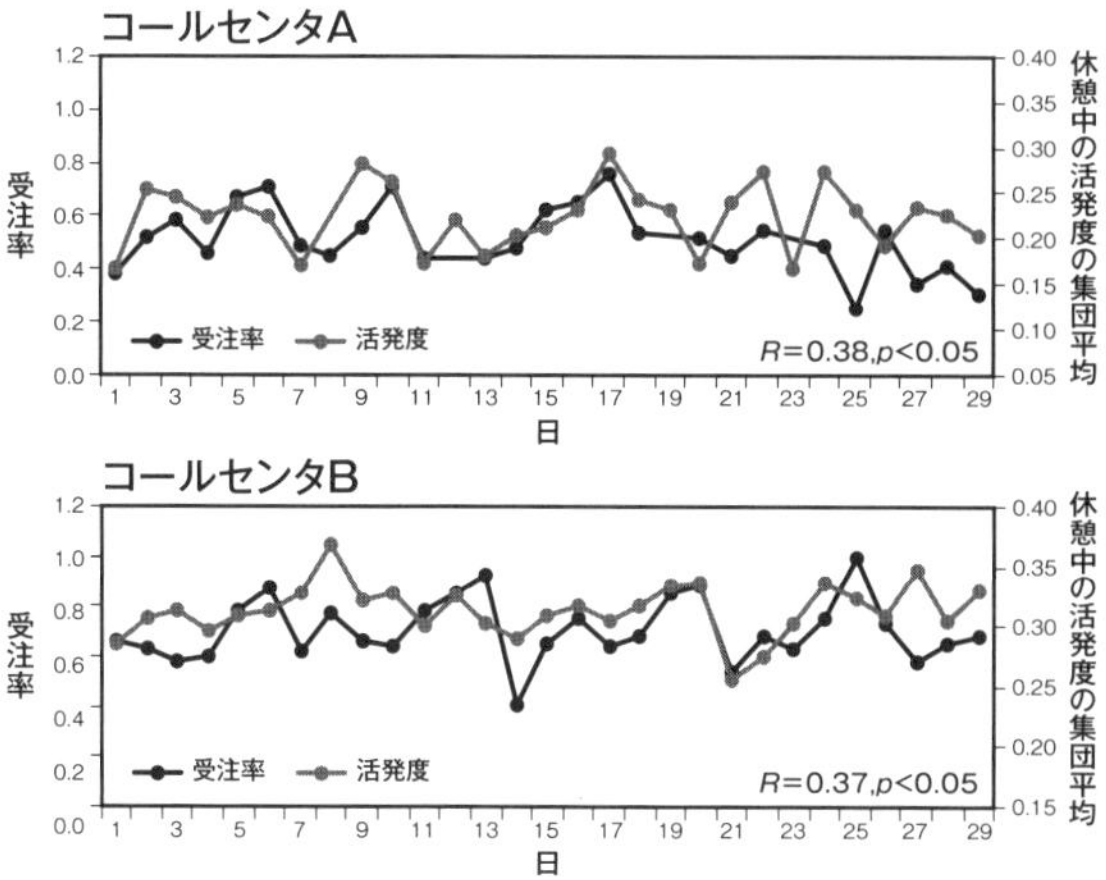

図2－2　日々の受注率と休憩中の活発度が相関することを示すトレンド図。

（指標の詳細については後述する）。活発な会話がされていると、活発な身体の動きが生じ、それを加速度センサで検出することができる。

しかし、会話時の活発度と売上の相関だけでは、どちらが原因でどちらが結果かわからない。休憩所での会話が活発なことで、受注が好調になったという因果が考えられる一方で、受注が好調な日は、仕事がうまくいった高揚感により休憩中に会話が弾むので活発になる、という解釈もできる。

そこで、休憩時間の活発さを向上する施策として、同世代の4人のチームで休憩を同時にとるようにした。

その結果、休憩中の活発度が10％以

上向上し、さらにその結果、受注率が13％向上した。これにより、休憩中の活発度を変動させることにより、受注率を変動させられることがわかった（図2－3）。因果関係が明らかになり、またごく簡単な施策により生産性を大きく向上させられることがわかったのである。

しかし、この結果は、このコールセンタに特有のものではないだろうか。あるいは、電話でサービスを売り込むという業務に特有な現象ではないだろうか。この会社の風土や業務のやり方に関係していないだろうか。さらに、仲間の空気を読んで働き、まわりの雰囲気に影響されやすい日本人だけに見られる結果ではないだろうか。個人主義的な傾向の強い米国ではまったく異なる結果にならないだろうか。これらの疑問への答えによって、この結果の意味や解釈はまったく異なる。

実は、これらの疑問への答えも、すでに得られている。同じコールセンタだが、インバウンド（すなわち、顧客からの問い合わせに対応するコールセンタ）での実験が、しかも米国の銀行で、マサチューセッツ工科大学（ＭＩＴ）のグループによって行われたのだ[7]。

オペレータの生産性の指標として、1件あたりの処理時間（問い合わせの電話がかかってきてから案件終了までの時間）をとると、この場合も、処理時間は、休憩時のオペレータの活発度に強く影響されていた。また、スキルや性格や能力などのほかの

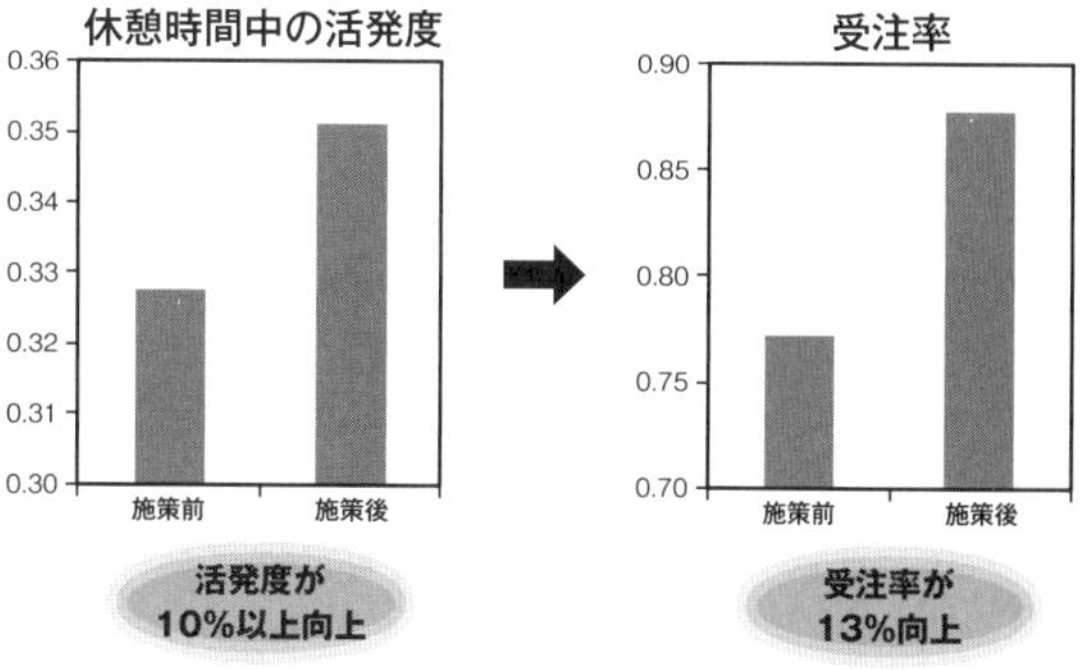

図2−3　コールセンタにおいて、同世代の４人１組で休憩をとることにより、休憩時間の活発度が向上、受注率が13%向上した。

要因は、すべて合わせても、休憩時の活発度の影響より小さかった。そして、それまでばらばらにとっていた休憩をメンバーができるだけ合わせてとるという施策により、最大で20％も生産性が向上した。この銀行全社でこの施策をとることにより、12億円ものコスト削減効果を実現した。

ここで重要なのは、アウトバウンドとインバウンドとの違いも、米国と日本との違いも関係なかった点である。アウトバウンドとインバウンドは、同じコールセンタの業務といっても性質が異なる。また、日米では、業務のルールや職場のプロセスや常識が大きく異なる。それでも同じ結果になった。

ここではコールセンタという定量的なデータが残っている現場だから検証できたのだが、実は、このようなことはコールセンタ特有の現象ではなく、人が業務を行うときには普遍的で、コールセンタ以外の業務にも適用できるのではないだろうか。

結論を一言でいえば、「活発な現場」では「社員の生産性が高まる」し、一方「活発でない現場」では「社員の生産性が低くなる」のは普遍的・一般的な傾向である。そして、従業員の集団的な身体運動を加速度センサで計測すれば、現場の活発度が定量化可能なので、さまざまな産業において生産性との関連を確かめることができる。

ここでおもしろいところは、この実験のオペレータ業務は、もっぱら「個人プレー」であり、「チームプレー」の要素が少ない点である。このような個人プレー色の強い業務でさえ「現場の活発度」という「集団的な要因」が、生産性やコストに強く影響しているのだ。このことはこれまでまったく認識されていなかったことである。

素直に考えれば、無関係のはずだ。

そもそも、なぜこのようなことが起きるのだろうか。

身体運動は伝染する。ハピネスも伝染する

ここで「従業員の活発度」という一見抽象的なことを、いかに定量化したか、を具体的に見てみよう。ここで鍵になるのが、第1章で論じた身体の動きである。従業員が1分間に何回動いているかを加速度センサによりカウントする。この1分

あたりのカウント数が、これまでの測定から経験的に設定した基準値を超えるときを「活発」とし、基準値以下のときを「非活発」とする。この判定を使い、所定の時間内において、活発な状態にあった時間の比率を「活発度」と呼んでいるのである。たとえば、1時間のなかで「活発」な時間が30分あるとすれば、活発度は0・5である。さらに、集団に対しても、全員の活発度の平均値をとれば、「集団の活発度」を定量化できる。これによって従業員全体で見たときの活気の度合い、あるいは活発さの度合いを定量化した。

この活発度は、人間や社会を捉えるものとしては、一見機械的に見えるかもしれない。しかし、この一見機械的な集団の活発度によって、驚くほど、コールセンタにおける電話営業での人のパフォーマンスを説明できる（業績と連動して増減する）のだ。

さらに重要な点は、この身体運動の活発度が、人から人へと伝染することだ。まわりの人たちが活発だと自分も活発になりやすく、まわりの人たちの身体運動が停滞すると、自分も停滞する。[8] これが大規模なデータ計測と分析により確認されている。

あくびが人から人へうつるのはよく経験するが、この身体運動の活発度も伝染し連鎖する。身体の活発な動きやその反対の「動きの停滞」も伝染しあっているのだ。

これは、物理学によって解明された磁性体ができる機序とよく似ている。磁石の内部で微小な磁石（スピンと呼ばれる）が互いに向きをそろえることにより、N極とS

極が実現されるのに似ているのだ。隣り合ったスピンには、同じ向きにそろう傾向があるため、スピンが一方向にそろった状態、すなわち磁石ができあがる。このような集団的な状態が自然発生的に生まれることを物理学では「協力現象」と呼ぶ。

人の集団においては会議や立ち話などで、常にまわりと影響を与えあっており、このとき起こる活発度の伝染も協力現象なのである。実際、磁石の特性を説明するのと同じ物理モデル（これを「イジングモデル」と呼ぶ）によって、人の活発度の伝染を定量的に説明できることを、我々は確かめている。複数の人が集まった場では、人の身体運動は集団的な協力現象を生み、人と人とが互いに影響しあうことで、その活発度が決まるのである。

我々は素朴に自分の身体のことは自分（あるいは自分の脳）が決めていると考えがちだ。しかし、これは正しくなく、まわりの人の強い影響を受けており、同時に、まわりにも影響を与えているのだ。

すなわち、集団内の人の身体の活動には、一種の連鎖反応が働くということだ。ある人の身体運動が活発になると、そのまわりの人の身体運動が活発になり……、という活発度の連鎖的な伝搬が起こり、無意識のうちに我々はこの伝搬の波の一部になっている。

さらに、この身体運動の活発度とハピネスが相関することが、ここで重要な意味を持ってくる。身体運動が伝搬するということは、ハピネスも人から人へと連鎖的に伝染することになるからだ（先述の通り、ハピネスと個人の活動量の増加には強い相関がある）。我々が主観的に感じるハピネスとは、この集団的な身体運動の活発化にともなって生じる感覚（おそらく後付けで生じる感覚や意識）だと考えると、実験事実はつじつまがあって理解できる。

これを認めると、ハピネスとは実は集団現象だということになる。ハピネスは、個人のなかに閉じて生じると捉えるより、むしろ、集団において人と人との間の相互作用のなかに起こる現象と捉えるべきなのだ。そして、集団にハピネスが起きれば、企業の業績・生産性が高まる。

コールセンタという、一見、個人プレー色の強いオペレータ業務においても、集団的な力が、結果を大きく左右しているということが確かめられた。身体運動の連鎖が活発に起こる（すなわち、普通の言葉でいえば活気ある）現場では生産性が向上し、逆に身体運動の連鎖が起きにくい現場では、オペレータの身体運動のスイッチがオフになり、生産性が低下する。

この結果、コールセンタでは10～20％の生産性向上に寄与していた。しかし、この値は、身体運動の連鎖的伝搬によって活発度が上昇することが、生産性に持つインパクトの下限と考えるのが自然な想定だ。なぜなら、コールセンタよりチームプレーが重要な業務では「集団の力」がもっと効くと予想されるからだ。

このような効果を起こしたければ、人々の活動を促す必要がある。自ら行動するように、人に指示するというのは言葉の上で矛盾するものの、人が「自ら身体を活発に動かしやすい」環境をつくることはできる。

休憩時間や昼休みのための環境はそのなかでも特に重要である。休み時間の過ごし方がその後の業務にも影響を与えるからだ。話の合う人と休み時間を楽しく会話でき、身体運動の連鎖が活発に起こると、その後の業務の生産性が高まることが実験で確認されている。あるいは、上司や監督者が的確に声かけすることで、従業員全体の身体運動の活発度は高まることが確かめられている。

ここで思い出すことがある。以前日立では、毎年、どこの事業所も秋に社員の大運動会を開いていた。その力の入れようは大変なもので、時間も予算のかけ方も半端ではなかった。当時若手だった私は、運動会前の1ヶ月は、あまり仕事をした記憶がない。業務中から、「棒倒し」や「綱引き」の作戦会議を行っていた。ときに仕事の都合で、練習や作戦会議に出られないと申し出ると先輩に「運動会と仕事とどちらが大事だと思っているんだ」と問い詰められた。期待されている答えは「もちろん運動会です」だ。

1990年ごろのいわゆるバブルの時代に個人主義的な雰囲気が強くなり「もうそ

んな時代ではない」という声に押されて運動会は消えていった。

今にして思うと、この運動会という会社の一大行事は、集団で身体をはって「現場の活発さ」を高め、その結果、仕事の生産性を飛躍的に高めていたと考えられる。文字通り、「仕事とどちらが大事か」と問われれば、仕事の時間を削ってでも、やるべきことだった。それを先人は直感でわかっていたのだろう。今ここで得られたような科学的根拠があれば、運動会をやめるという判断は変わっていただろうと思う。

身体運動の活発な職場に見られる優れた特徴

実は、身体運動の連鎖が、ビジネスに大きなインパクトがあるという結果は、この事例以外にも、繰り返し見出されている。

我々は、さまざまな会社で、センサによる身体運動計測と社員のアンケート調査とを行ってきた。

そのなかに、ソフトウエアの開発、研究開発、装置の設計、管理職など、休憩がはっきりしない業務にたずさわる、11組織の630人の社員を調べたデータセットがある。そのデータを分析すると、質問紙により調査した職場のメンバーのストレスレベルの平均はやはり加速度センサで測った集団的な身体運動の活発度（メンバーの活発度の平均）と強く相関していた。ストレスレベルの平均が高い職場は、従業員集団における活発度の平均が低く、逆にストレスレベルが低い職場は、従業員集団の活発度の平均が高かったのだ。

一方で、質問紙によるハピネス（主観的な幸福度）に着目すると、集団の活発度の平均が高い現場は社員のハピネスレベルも高く、逆に活発でない現場はハピネスレベルも低い。

すでに紹介したように、ハピネスレベルが高いと、業務の生産性は37％も向上し、創造性は300％も向上する。これと合わせて考慮すれば、職場において身体運動の連鎖により活発度を上げることと、それを可能にする職場環境をつくることは、会社の業績と直結することがわかる。

さらに、別のデータセットとして、エネルギー、情報、エレクトロニクス、材料の幅広い分野の技術者を対象とした調査結果がある。これら技術者の仕事は、同じ技術者といっても大きく異なる。たとえば情報系の人は、一日中パソコンでソフト開発ばかりしているのに対し、エネルギー分野の技術者は、大型の発電機を動かす実験を現場で行っているし、エレクトロニクス分野の技術者は、クリーンルームで試作していたり、実験室で電気回路の計測をしていたりしている。コミュニケーションの量も、業務や分野によってまったく異なる。

ところが、これらの幅広い分野の技術者において、会話のときの身体運動の活発度と、アンケートで尋ねた「あなたは積極的な問題解決や創意工夫を行っていますか」という質問の答えが、強く相関した。会話において身体運動が活発な現場では積極的に問題が解決され、創意工夫が実践されているのに対し、会話のときに活発でない（身体運動の少ない）現場では積極的な問題解決や工夫が見られないのだ。技術者の仕事の成果は、積極的に問題を見出し、創意工夫して解決する人と、そうでない人では、極端に成果や生産性が違ってくる。

重要なのは「会話中の活発度」というのが主観的なものではなく、センサによって測った量から算出される、しっかりと定義された客観的指標だということだ。先にも述べたように活発度とは、身体運動の激しさが基準値を超えていた時間の比率のことである。会話中にこの活発度が高いことが「積極的な問題解決や創意工夫を行っていますか」という質問紙への回答の数字と相関する。個人として見ても、会話中に身体がよく動く人は、積極的な問題解決や創意工夫を行う傾向が強い。逆に、会話中に身体があまり動かない人は、積極的な問題解決や創意工夫を行わない傾向がある（ここでは、一人の人の時系列内での比較ではなく、他人どうしの身体運動の比較を行っている。これに対し、ハピネスについては同一人の時系列内での身体運動の比較を行った。また、ここでは「会話中の活発度」を測っており、各人の1日の活発度を見ているわけではない点に注意）。人によって、会話の時間は長い人も少ない人もいる。それは「積極的な問題解決や創意工夫」の回答の数値と相関していなかった。単に会話が多いかどうかは、仕事の種類によって異なるので、それ自体で、積極的な問題解決や創意工夫とは関係ないのだ。

集団として見ても、会話のときによく身体が動く、会話中の活発度の集団平均が高い現場では、積極的な行動のスイッチが入りやすくなる。問題を率先して見つけ、創意工夫して解決する現場が形成されるのだ。

以上の結果を総合すると、大量のデータが示すシンプルな結論が浮かび上がる。それは人の身体運動が、まわりの人の身体運動を誘導し、この連鎖により、集団的な身体の動きが生まれる。これにより、積極的な行動のスイッチがオンになり、その結果、社員のハピネスが向上し、生産性が向上する、ということだ。

コールセンタのような個人プレー中心の業務でも10〜20%の生産性向上をもたらし、よりチームプレーが必要な業務では、37%を超える生産性向上が期待できる。より創造性を求められる業務では、300%にも及ぶ効果が期待できる。

さらに、ギャラップ社では、1000万人を超えるアンケート調査によって、社員の積極的な行動の影響を調べている。それによれば、積極行動が見られる会社とそうでない会社では、1株あたりの利益率が18%も異なるという結果になっている。したがって、

社員の身体運動の連鎖による活発度上昇
←社員のハピネス・社員満足の向上
←高い生産性・高い収益性

という因果関係が成り立っているといえる。

活気ある職場にすることが経営の重要項目になる

この「身体運動の活発度」という計測できる量は、普段の言葉では、現場の活発さ（あるいは活気や活力）を数値にしたものである。職場は活気がある方がよいか、と聞かれれば、それを否定する経営者はあまりいないだろう。

しかし、活気ある職場づくりに関する経営の優先順位はこれまで高くなかったのが実情である。そのために経営者は時間と資金を投入してこなかった。これは収益との関係がこれまでは明確ではなかったからだ。

会社経営では、収益のために経営方針を決め、そのための具体的な経営施策を実行する。そこには論理的な説明を求められる。これまでも、組織の活気があった方がよいとは思っていても、それが収益と結びつくロジックが存在しなかった。したがって、優先順位が低かった。しかし、今、我々の研究によってそこに突破口が開かれた。

現場の活発度が向上すれば、生産性や収益性が向上するのならば、現場の活発度を高めるための投資は、経営者にとって、もっとも効果的な投資先になるかもしれない。比較的安価な投資で、収益が向上する道が開けたのだ。

逆に、現場の活発度を損なう副作用をともなう経営施策は、その分の収益減の効果を織り込む必要がある。これまで、この効果は具体的に考慮されてこなかった。

ＩＴが生産性を下げる効果も考慮すべき

現場の活発度が、生産性やコストに直結することは、企業のＩＴにも大きなインパクトがある。

この20年ほどの間に、会社の業務環境はＩＴシステムによって大きく変わった。このＩＴシステムの導入のために巨額の投資がなされ、そしてその運用や保守にも継続的な費用が計上されている。

ＩＴシステムは、これまで業務の効率化や生産性向上を目的に設計されてきた。そのために、業務用ＩＴの開発では、業務のプロセス（工程）を分析し、その流れに沿ってＩＴの仕様を設計してきた。

しかし、ここで明らかになった「現場の活発度」の重要性は、従来、ＩＴ設計にまったく考慮されていない。

むしろ、ＩＴの導入によって、一見効率化するはずのように見えて、それまで集団の身体運動の連鎖に必要だった要素を排除してしまい、それにより活発度の連鎖的な向上を促す仕組みがなくなって、「生産性」や「クリエイティビティ」を低下させてきた場合も多いのではないだろうか。生産性向上のためのツールであるＩＴが、むしろ生産性低下の原因にもなりうるのである。

たとえば、過度のメール依存により、本来、直接面と向かって身体運動をやりとりすべき機会が奪われている恐れがある。さらに、従来は、紙の承認印を上司にもらう機会を通じて、部下は上司の考えていることや優先順位を、身体運動を通して共有できていたのに対し、承認プロセスのＩＴ化によってその機会が失われたりしている。こういったマイナスの効果を無視したＩＴの導入により、業務の生産性が下がっていないだろうか。

よりマクロに見れば、日本の優位性がこの20年間急激に低下した一因がここにあるのではないか。80年代まで、現場の活発さとそれによる積極行動によって、急成長してきた日本が、生産性においても創造性においても凋落したのは、ちょうど職場にＩ

Tが導入された時期と一致する。もちろん、このITの導入は、米国など他の先進国でもほぼ同時に行われてきたが、現場のパワーに頼っていた比率は、日本の方がより高かったと考えられる。その分、この現場の活発さを損なったことによる、生産性やクリエイティビティ低下の影響も日本の場合大きかったはずだ。

今、人間に関する科学的な知見にもとづく、新しいITと経営が再構築されるときが来ている。新しいITは、社員の積極行動を後押しするものにしなければならない。

ハピネステクノロジーで幸福の指標をつくる

より精度よく、いつでも誰でも、自分のハピネスが測れ、コントロールできるようになると、仕事以外にも、社会のあらゆるところが変わるだろう。

家族とハピネスのデータを共有すれば、家族間での助け合いを支援できるだろう。人生は順風満帆な状況ばかりではない。危機的な状況にときに直面することもあろう。しかし、そういうときに、信頼できる家族が、損得を超えて支えてくれるのは大きな助けになるだろう。このセンサ技術により、距離が離れた家族でも、そのような人生における変化を互いに共有し、支えあうことが可能になる。年老いた親と離れて暮らす人でも、互いに、相手の状況を感じることができるかもしれない。

行政の分野で、従来国民の生活の質を測る指標としてもっとも使われてきたのがG

DPである。しかし、すでにさまざまな調査で明らかになっているように、GDPが最低限の水準を超えると、もはや国民の幸せとは相関しなくなる。[9]このようななかで、イギリス、フランス、オーストリア、ブータン、そして日本も、GDPを超える新しい指標づくりを表明している。

ハピネスのセンシング技術が確立されれば、国のリーダーは、その国の政策や規制が国民やコミュニティの幸福感と結びついているかをリアルタイムで知ることが可能になる。これは、政治や行政のプロセスを革命的に変えるだろう。これまでにない柔軟な新しい国の舵取りが可能になるのではないだろうか。

第3章

「人間行動の方程式」を求めて

人間行動には方程式があるのか

第1章では、人間行動が身体の動きなどにより科学的に定量化され、U分布という美しい統計法則に従うことを明らかにした。人はそれぞれ、性格、思い、生まれ育った文化の違いなどで、一人一人異なるように見えるが、実は、身体運動を積み重ねた統計的な分布は、同一形状になるのが驚きであり、大きな発見であった。そして、第2章では、この身体運動が、人間の究極の目的であるハピネスの原資にもなっていることを紹介した。

本章では、これをさらに一歩進め、この統計的な法則から、人間行動の「方程式」が導かれることを示したい。

科学の歴史を振り返れば、科学に「方程式」が登場したのがまさに人類の転機であった。今から400年前の17世紀は近代科学の夜明け前の時代であった。ときはまさに、天動説と地動説の対立のなかにあり、天文学者と占星術師との区別はまだなく、そして、世間では魔女裁判がしばしば行われていた。

このとき、デンマーク人の天文学者・占星術師であるティコ・ブラーエは、天体運動に関する大量のデータを収集し、ドイツ人のヨハネス・ケプラーは、ブラーエの助手を務めていた。たまたま、急逝したブラーエの天体観測のデータを引きついだケプラーは、これを丹念に解析するなかで、惑星は従来考えられてきた円軌道ではなく、楕円軌道上を動くという、いわゆるケプラーの法則を見出す。

大量のデータから統計法則を見出したという意味では、第1章で紹介したU分布の発見がこのケプラーの法則の発見にあたるかもしれない。実際、ここでは我々のグループが収集したのべ100万日（同じ人の別の1日は別個に数えている）を超える詳細な人間行動のデータが威力を発揮した点でも状況はよく似ている。

本格的な「科学の時代」がはじまったのは、これに続く「方程式」の登場による。アイザック・ニュートンによる物体運動の「方程式」の発見である。方程式により、天体からリンゴまでの幅広い物体運動を統一的に理解し、予測することが可能になったのだ。その意味で、方程式はまさにその後の発展を牽引した「魔法の杖」である。

ニュートンによって作り出された方程式という「魔法の杖」は、物体運動の記述を越えて、電磁気現象ではマクスウエル方程式、流体現象ではナビエストークス方程式、熱現象ではボルツマン方程式、原子運動ではシュレディンガー方程式と次々と拡張された。この300年の科学の一大発展は、「方程式」の発展の歴史といってよい。あらゆる自然現象が「方程式」によって理解できるという科学の体系が構築された。現在、理工学系の大学教育とは、これら方程式とその応用についての教育であるといっても過言ではない。

しかし現在も、方程式が成り立つのは、物質現象や自然現象に限られ、社会現象や人間行動には、物質で成り立つような方程式は存在するとは思われていない。というのも、人間や社会は、方程式で表現するには複雑すぎると思われてきたのだ。

本章では、この壁を越えていく旅に読者の皆さんを誘いたい。

そもそも「方程式」とは何なのか

人間行動の方程式を求める前に、「方程式」とはどんなものかを整理してみよう。

方程式の特徴は、多様で一見個別ばらばらに見える現象に、統一的で普遍的な法則が成り立つことを示す点だ。人間社会を毎日見ていればばらばらな人が集まって多様なことが起きている。ここで、ともすれば「こんなに、ばらばらで多様なのだから、統一的な法則などあるはずがない」と思いたくなる。

「多様か、統一か」。言葉の上ではどちらか一方が正しく、他方は間違っていると聞こえる。しかし、300年前に戻れば、月とリンゴは、天体と果物というまったく違うジャンルのものだった。この両者に統一法則を見つけたのがニュートンの偉業だ。異質月とリンゴには見かけの違いを越えて、同じ運動法則が成り立っていたわけだ。異質でばらばらであることと統一的な法則に従うこととは矛盾しない。これにおそらく最初に気づいたのがニュートンであり、ニュートン以降の科学はこれを徹底的にあらゆる事物に追求してきた。

この現象の「多様性」と統一的な「法則性」を矛盾なく説明するために、方程式にはある特徴がある。それは、方程式が表すのは、時間軸上（あるいは空間軸上）で状態がどれだけ急に変化するかであることだ（状態を表す量の変化の「傾き」あるいは「勾配」である。これを数学では「微分」と呼ぶのは高校の数学で習った通りである）。状態そのものではなく、状態を表す量の変化（勾配）に注目しているのである。

たとえば、手に持ったリンゴから手を離したら、その瞬間にリンゴの状態、すなわち位置と速度は変化をはじめる。速度について見れば、重力加速度 g で加速を開始する。そして、刻々下向きに加速していく。ニュートン方程式は、この時々刻々、今の状態から次の瞬間の状態が創られる（ジェネレートされる）原理を明らかにしているのである。この意味で、時々刻々の変化を作り出す仕組みのことを「ジェネレータ」と呼ぼう。

しかし、その物体が、どんな大きさで、はじめにどこにあって、どちらに動いていたのか、どんな力がいつ加わるかは、方程式によって制限されることもなく、まったく自由である。方程式は月とリンゴのようにいくらでも多様な対象を扱いうる。方程式のパラメータ（定数や境界条件）を変えることで多様な状況やモノを扱うことができる。これにより、統一的な方程式（すなわちジェネレータ）に従うことと多様な現実とは矛盾しないのだ。そして、科学が宇宙のあらゆることを扱うことができるのは、方程式のこの特徴のためだ。

ここで「現在の状態から次の瞬間の状態が創られる」ジェネレータを表す言語が「微分」である。方程式に微分が使われるのは、上記の理由により、科学的に世界を理解するのに必要だったためだ。アイザック・ニュートンやゴットフリート・ライプニッツがこの新しい数学の道具「微分」を作り出したのは、方程式という数学を使って、この現実の「多様性」と「統一性」を同時に矛盾なく科学的に表現するという切実な必要性からなのだ。

人間や社会についても、方程式のこのような特徴をうまく使えば、多様な社会の現実と矛盾しない形で、統一法則が見つけられるかもしれない。これを以下で考えてみたい。

人との再会は普遍的な法則に従って起きる

人間行動についても方程式を見つけるためには、時々刻々の変化を創り出している法則を見つける必要がある。いわば我々の行動のジェネレータであり、人生のジェネレータである法則を見つけることだ。これを紹介する前にすこし数学的な道具立てが必要だ。できるだけ数式を使わずに紹介しよう。

すでに紹介したように、時々刻々の変化を創り出すもの、すなわち「ジェネレータ」を定量的に表すのに「微分」が重要な道具であった。

しかし、人間や社会を捉えるには、単純な微分ではうまくいかない。なぜなら、不連続な変化が多いからである。微分は、変化の傾き（勾配）を表すものだ。不連続な変化を微分すると、その変化の勾配（傾き）は無限大になってしまう。もともと「微分」とは物体の運動のような連続的な変化に適用するための道具だったのだ。

たとえば、身体が動くか動かないか、上司と会うか会わないか。これらの状態は、互いに不連続かつ離散的である。動くか動かないか、会うか会わないか、1か0である。このように、人間は不連続かつ離散的な状態間を行ったり来たりしている。

具体的な例として、人との面会を例に、変化を捉える「ジェネレータ」を見出せるか考えてみよう。我々は人と会い、別れ、また会う。その頻度はさまざまで、ある人とは毎日会うし、別の人とは週1回会う。もっと不定期の場合もある。

この面会という現象の変化を定量化する指標として、最後に会ってから次にその人に会うまでの期間を考え、これを「面会間隔」と呼ぼう。たとえば、あなたは、上司の藤田課長と昼食を一緒にとって、午後1時に別れたとしよう。次に午後3時の打ち合わせで、再度藤田課長と会ったとする。このとき、面会間隔は、1時から3時までの時間をとって、2時間である。

この会っていない状態から会っている状態へ変わる、という離散的なイベントが起きる確率を考えよう。これは1秒あたり10%の確率で起きるかもしれないし、1秒あたり30%の確率で起きるかもしれない。この確率をジェネレータと考えてみよう（専門的になるので、ここは飛ばしていただいて構わないが、数学的な定義としては、別れてからの経過時間tまでに再会イベントが起きていないという条件の下で、次の微小時間Δtのうちにイベントが起きる確率密度を扱うことになる）。すなわちイベントの不連続な変化そのものではなく、確率の変化を表現することで、ここでも「微分」が使えるのである。

面会というイベントが一定確率でランダムに起きるとすると、これは統計学では「ポアソン分布」に従うという（これは第1章で説明した正規分布の仲間と思ってよい）。道に立って、タクシーの空車に出会うまでの時間はポアソン分布に従う。その道に空車のタクシーが平均どれくらい存在しているかは統計値としては決まっているが、実際には、運がよければすぐつかまるし、運が悪ければ長く待つ場合もある。何度も試行すれば、平均の待ち時間を調べることもできる。これがポアソン分布である。実際には、タクシーと出会うというイベントのジェネレータは、平均待ち時間τ（ギリシャ文字の「タウ」）に1回タクシーと出会う確率として方程式に表すことができる（後述）。

人との面会の場合、たとえば藤田課長に会う確率は、どうだろうか。平均１時間に１回のポアソン分布に従うだろうか。

我々が開発した名札型のウエアラブルセンサ[1]を用いると、この人と人との面会間隔の実態を定量化することができるので、間隔がポアソン分布に従うかどうか確かめられる。

前にも解説したように、このセンサは、名刺サイズで名札のような形状をしており、これを身につけた人どうしの面会を検出する赤外線センサが埋め込まれている。このセンサをつけている人どうしが前にいることを検出するとともに、体の揺れと向きを検出する加速度センサなどが搭載されている。これらの物理量の時々刻々のデータ列が名札型センサのなかに記録され、これがサーバに転送され、蓄積される仕組みである。

このセンサを用いて、実社会で起きる面会のデータを大量に収集してみると、人に面会する確率は時間に対して、前述した一様なポアソン分布にはならないことが明らかになった。これまで、我々はのべ１００万日という大量の人と人との対面データを計測してきた。このなかには、経営者から新入社員まで、技術者から営業職まで、多様な人たちが互いに会ったり、会わなかったりするデータが含まれる。

人と対面したり、一人になったりという変化を大量データから解析した結果によれば、再会の確率は最後に会ってからの時間が経過するに従って低下していくのだ。最後にある人に会ってからの時間をTとすると、再会の確率は$1/T$に比例して減少していく。

たとえば、あなたが藤田課長と最後に会ってから、1時間たったとしよう。このときに再会する確率をPとすると、2時間後にはこの面会確率が$P/2$、3時間後には$P/3$になる。この法則性が、会社幹部でも、新人でも、営業職でも研究者でも成り立つのである。

一言でいうと、最後に会ってからの時間（期間）が長くなると、ますます会いにくくなる（面会確率が下がる）ことが明らかになった。そして、それはきれいな反比例の法則に従うのである。これを「$1/T$の法則」と呼ぼう。

幅広い人たちが、まるで見えざる手に従うように、この「$1/T$の法則」に従う。統一法則にもとづき行動するのである。

これはつまり、我々は面会を起こす普遍的なジェネレータを発見したことになる。

面会確率を基準に考えると時間の流れは一様ではない

「さる者は日々にうとし」

親しかった人も、会わなくなると、縁遠くなることを古人はこのように表現した。

これは見方を変えれば、去ってしまった人との間では、時間は一様には流れないとも読める。

実は先の結果は、大量の計測データによる分析により、この言葉を定量的な法則として確立したことになる。時間の流れは速くなったり遅くなったりするのだ。

たとえば、あなたの仕事には、さまざまな段階で藤田課長に会って報告したり、承認を求めたりしなければ進められないものがあるとする。この状況では、藤田課長との面会が、あなたの仕事の上での時計の役割を果たすことになる。つまり、あなたと藤田課長との面会の確率が低くなると、仕事の上での時間の進み方が遅くなる（仕事がなかなか進まなくなる）ことになるのだ。

逆に、この仕事の上での時間の進み方を基準にして、物理的な時計の進み方を見直してみよう。藤田課長と最後に会ってから物理的時間がたつと、面会確率が低くなり、仕事時間の進み方が遅くなり、仕事が進まなくなる。これを、仕事時間を基準にして捉えなおすのだ。仕事の進み具合を基準に物理的時間の進み方を捉えるとすると、時計の進み方は速く見えるはずだ（つまり、仕事は進まないのに物理的時間ばかりが過ぎる）。1日後より2日後は、2倍も時計の進み方が速く感じられる。4日間も藤田課長と会わなかったとすると、4倍も時計の進み方が速く感じられるのである。すなわち、時間は一様に流れるのではなく、面会間隔が空くほど、速く進むようになるのである。

人間や社会の科学を定量的に突き詰めていったら、古来知られていた知恵を再発見したことになる。しかし、ただことわざを使うのとは、定量的な科学的データがあることが決定的に異なり、重要だ。「さる者は日々にうとし」といっても、以前は、単に誰かの主観的感想を述べていたのかもしれなかった。したがって「私は、そう思わない」「今は、時代が違う」といえた。データがあるとこれが変わる。

1／*T*の法則はメール返信などほかの行動にも

実は、この1／Tの法則が成り立つのは、面会だけではない。

たとえば、すでに、米国のノースイースタン大学のアルバート・バラバシ教授は、電子メールを受け取ってから返信するまでの時間を調べた大量データを収集し、その解析を行っている[2]。バラバシ教授は、「べき分布」と呼ばれる統計分布の形状に注力して解析を行っており、確率の時間変化を決めるジェネレータという観点では見ていない。

改めて、そのデータを、ジェネレータという目で私が見なおすと、この電子メールの返信までの時間も、電子メールを受け取ってから時間がたつほどに、返信する確率が低くなることがわかった。返信までの時間をTとすると返信確率はTに反比例す

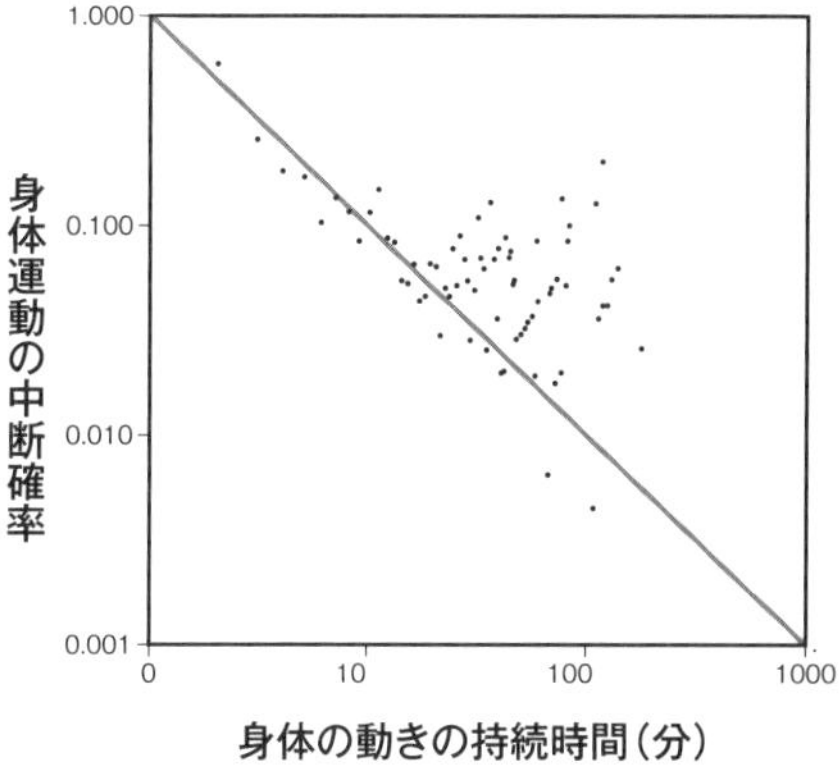

図3−1　身体の動きの持続時間（*T*）は、*T* が大きくなると、ますます持続しがちになる（中断確率が下がる）。この傾向は、少なくとも約10分までは、1/*T* に比例する。この図は縦軸・横軸ともに対数表示になっていることに注意。

る（１／*T* に比例する）ことを見出したのだ。すなわち、電子メールを受け取ってから、返信するまでの時間は、「１／*T* の法則」に従うのである。メールを受けてから返信するまでの時間が長くなるほど、返信する確率が下がってくるのである。

さらに、東京大学の中村亨氏らは、人間の日常生活のなかでの安静状態（動きの穏やかな状態）がどれほど続くかを調べた[3]。安静は、立ち上がったり、人に話しかけられたりすることによってとぎれるわけであるが、安静から活動状態への遷移がいつ起きるかを加速度センサで計測した。この研究もイベントの発生頻度の統計分析に注力しており、ジェネレータ視点での解析を行っていない。

改めて、ジェネレータの観点で、そのデータを見なおしてみると、安静状態がT時間続くと、活動に転じる確率が1／Tになることがわかる。安静が2時間続いたときには1時間続いたときと比べて活動に転じる確率が1／2になるのである。ここでもまた「1／Tの法則」が成り立つことがわかった。安静を続けるほど、活動に転じにくくなるのである。

この中村氏らのデータのさらに重要な点は、健常者とうつ状態の方とを比較したデータをとっている点である。このデータをジェネレータという観点で解析すると、健常者もうつ状態の人もともに「1／Tの法則」に従い、安静から活動に転じる。ところが、その安静から活動への遷移確率は、健常者の方が、うつ状態の人よりもおよそ20％高いことがわかった。

すなわち、この活動への遷移確率を測定すれば、人がストレスの影響を受けていく変化を捉えられる可能性があるわけである。活動への遷移確率の計測は、ウエアラブルセンサで可能である。自分のストレスレベルを簡単に我々が自ら確認できる可能性が出てきたわけである。

さらに重要なことが見つかった。東京工業大学の三宅美博教授は我々との共同研究で、一般的に、動きをともなう行動の持続時間が、この「1／Tの法則」に従うことを見出した[4]（図3−1）。ウエアラブルセンサで計測した、人間行動の大量の記録を解析した結果、一旦動きを開始すると、その動きは、時間がたつほどにやめる確率が小さくなることがわかった。経過時間をTとすると、動きを中断する確率は、1／Tにきれいに比例して小さくなっていくのである。もちろん限界はある。場合によるが、この1／Tの法則は、20分から100分あたりに継続の限界がある。どこまで続くかは、そのときの環境条件による。

行動は続けるほど止められなくなる

このように、最後にその人に会ってから次に会うまでの面会間隔、電子メールを受け取ってから返信するまでの時間、安静状態から活動に転じるまでの時間、動きをともなう行動の持続時間という4つの行動とその時間が、いずれも「1／Tの法則」に従う。これは、このジェネレータが幅広い人間行動において基本的な役割を果たしていることを表している。

この法則は、言葉で表現すると「続ければ続けるほど、止められなくなる」ということである。その人と会わないでいること、電子メールに返信しないでいること、静かに休んでいる状態、動きをともなう行動は、どれもこの「続ければ続けるほど、止められなくなる」という性質があるのである。

これら4つの行動に共通する「1／Tの法則」を個別に説明しようとしたら、いろいろな説明ができよう。

たとえば、面会間隔については、面会からの時間がたつほどに、別の仕事に割り込まれやすくなるので、再度、その人と会いにくくなると説明できるかもしれない。

受け取ってから、なかなか返事を出さないメールとは、そもそも、簡単に返事を出しにくい、やっかいな案件で、ますます返事を出しにくくなるのかもしれない。

しかし、このような個別説明は、これだけ異なる4つの行動に統一的できれいな「1／Tの法則」が成り立つことを説明しないように思われる。むしろ、人間や社会の行動に関する、もっと一般的なメカニズムがあるのではないだろうか。

1／*T*の法則はU分布と同じもの

実は、上記の1／Tの法則は、第1章で紹介したU分布から統一的に導くことができるのだ。

人の行動は、毎秒、毎分の無数の行動選択の繰り返しを積み重ねた結果、人の個性や状況のいかんに関わらず、統一的な統計法則、U分布に従う。繰り返しの積み重ねにより、資源配分のむらが起き、それはきれいな数学的法則に従う。それは意外にも空気中の分子のエネルギー分布と同じ式に従っていた。

このU分布は、マス目に入った玉の数でモデル化することができた（35ページ、図1－3）。このU分布をグラフで表すには、横軸にマス目に入っている玉の数をとり、縦軸には横軸に示された玉の数が入っている箱が何個あるかをとった。ここで、マス目をある人の1分間に、玉の数をその1分間に何回腕を動かしたかに対応させると、普遍的な分布が現れた。

しかしここで、玉と玉との間隔に注目してみよう。図1－3のU分布の図からマス目を取り払って、個々の玉の間隔に注目するのだ。あるイベント（すなわち、腕の動き、メール着信、人との面会など）が起きてから次のイベントが起きるまでの時間は、このモデルでは玉と玉との間隔で表されるからだ。

U分布において、この玉と玉との間隔を横軸にして集計し直すと、まさに1／Tの法則に従う。具体的には、隣りあった玉と玉との間隔（これがTである）を横軸に取って、その間隔が生じる確率を縦軸に取ると、反比例の関係が得られる（横軸の値が10倍になると、縦軸の値が1／10になる関係になる）。この反比例が1／Tである。

第1章ではマス目に入った玉の数をカウントし、この統計分布が右肩下がり（指数関数）になることをU分布と呼んでいた。ここでは、隣り合う玉と玉との間隔（距離）に着目し、その統計分布が反比例（1／T）になることをU分布と呼んでいる。

実は、注目しているところが違うだけで実態は同じものなのだ（巻末注1）。

人間行動の方程式を記述する

第1章ではU分布を作るのに、まずランダムに玉を配置し、その後に玉のランダムな移動を行った。実は、最初から、この1／Tの法則に沿った間隔で玉を配置すれば、直接U分布を生成できる。

このようにして人間行動のイベント（腕の動き、メール着信、人との面会など）に関する分布を直接生成する式が、探していた人間行動の基本方程式である[5]。

$$\frac{\mathrm{d}P(t)}{\mathrm{d}t} = -\mathrm{e}\frac{1}{T}\mathrm{o}P(t) + F(t) \qquad (3 \cdot 1)$$

ここで、P（t）は、「時刻tにおいて直前のイベント（腕の動き等）が発生後、次のイベントが発生していない確率（累積確率）」であり、これを時間で微分した左辺は、時刻tに次のイベントが発生する確率（確率密度）に負号をつけたものを表す。まさにイベントのジェネレータを表す。Tは直前のイベントからの経過時間である。F（t）は、U分布からのずれをもたらす、外部から加わる力である。右辺に1／Tが登場することから、これを「1／T方程式」と呼ぼう。

これに対して、イベント（腕の動き等）がU分布に従って起きるのではなく、ランダムに起きるとすると、その時の分布は第1章や本章のはじめに説明したようにポアソン分布（近似的には正規分布）になる。このポアソン分布を導く方程式は知られていて、下記の形になる。

$$\frac{\mathrm{d}P(t)}{\mathrm{d}t} = -\mathrm{e}\frac{1}{\tau}\mathrm{o}P(t) \qquad （3・2）$$

ここでτは時間を表す定数で、平均的なイベントの時間間隔である。ただし、この式は身体運動や面会間隔の実測とは合わない。

実測をうまく再現できるU分布の（3・1）式と、実測とは合わないポアソン分布の（3・2）式を比較してみよう。ポアソン分布を導く（3・2）式では右辺に定数τが入っている。これは常に一定の頻度で次のイベントが起きることを表現している。別の言い方をすれば、これは時間の流れが一定であることを意味している。これに対し、（3・1）の1／T方程式では、時間の流れが経過時間Tとともに速くなる形をしている。これは、1／T則の「行動を続けるほどやめられなくなる」ことを数学的に表現している。

重要なことは、この方程式が経験的な法則を見事に予測することである。作業に熱中すると時間が早く過ぎること（これは心理学では「フロー体験」と呼ばれているものので、後で詳しく説明する）や、返信しないメールはますます返信しにくくなることや、会わない人とはますます縁遠くなること（「さる者は日々にうとし」）を定量的に予測する。

我々は、ときに、時間が一様に流れないと感じるが、1／T方程式はこの主観的な感覚に科学的な根拠を与える。現代の我々は、時計の刻みだけが唯一の時間を定量化する手段だと考えがちであるが、古代のギリシャでは、時間を表す言葉が二つあり、機械的に流れる時間を「クロノス時間」と呼んだのに対して、人の内的・主観的な時間の流れを「カイロス時間」と呼び、明確に区別していた。時計の刻みに対応する「クロノス時間」が科学的・客観的だとすれば、「カイロス時間」という主観的な時間は、一見、科学的ではないと思うかもしれない。しかし、身体運動のイベントと次のイベントとの間隔を通して、時間を定義することで、この主観的なカイロス時間に客観的な根拠が与えられる。この方程式には、古代ギリシャで考えられた一様でない主観的な時間の流れの概念が客観的に表されているわけだ。

ただし、1／Tの方程式が厳密に成り立つのは、外部から力や制約が加わらない場合だ。第1章で述べたように、U分布は、人の「行動の自由度」を表すもので、人が行動を何かの理由で制約されるときには人間の行動はU分布からはずれる。ジェネレータとしてみた（3・1）式では、外部からの力の項F（t）であり、これが作用することで1／Tの法則からのずれが生じる。1／Tの法則からのずれの項F（t）の大きさは、人により異なる。これが、人の自由な行動を阻む力（あるいは制約）の大きさが人により異なることを表しているものと思われる。

主観的概念だったものを客観的に数値化すること

この1／T方程式から何がわかるだろうか。この方程式に隠されたもっとも重要なメッセージは「行為に集中することが、人間のもっとも自然な状態である」ということだ。1／T方程式の右辺のF（t）項は、行動の自由を制約する力を表すものだった。この力を受けないときが、制約を受けない自由な状態にあたる。この場合は、行動を続ければ続けるほど、止められなくなる、というドライブがかかる。これが人の自然な状態なのだ。これは、日常の言葉では、「集中している」「熱中している」「没頭している」という状態にあたるだろう。

物体が運動するとき、力を受けなければ一定の速度で直線的に動き続ける。これはニュートンの運動の第1法則である。そして、この自然な等速運動から逸脱させる作用のことを「力」と呼ぶことにより、物体が受ける力を定量的に定義することが可能になった。これがニュートンの第2法則である。

人の行動に関しては、制約を受けない自然な状態が、「集中」と呼ばれている状態なのだ。集中するためには、「努力したり」「励んだり」することが必要だと思う人が多いかもしれないが、この方程式は、我々の自然な姿が、目の前の行為に「集中」することであることを示している。

ここで疑問を持つ人がいよう。この方程式で捉えられているものが、本当に人間の「集中」なのか。同じ、「集中」しているという状態も、人により皆違うもので、一概にはいえないのではないか。

このような疑問は、人間に関わる計測や定量化を考える上で避けて通れない基本的なことなので、すこし丁寧に説明したい。すでに我々がよく知っている「温度」という量との比較で説明しよう。

ものの「熱さ」は、温度計で測ることができる。温度計は、アルコールなどの物質の熱膨張を利用して、体積の膨張を測ることにより、「熱さ」を計測するものだ。しかし、考えてみてほしい。熱さだっていろいろある。

暑き日を　海に入れたり　最上川

閑《しずけ》さや　岩にしみ入る　蟬の声

芭蕉が『奥の細道』で夏に詠んだ句であるが、そこから感じ取れる暑さの質はまったく異なる。前者は、日本海に最上川が注ぎ込む高台から見える真っ赤な夕焼けが照らす暑さであり、後者は、森のなかで木漏れ日と蟬の音だけがある暑さである。古今の歌人、俳人が、さまざまな熱さ（暑さ）を表現している。

現実には、蒸し暑い梅雨の暑さもあれば、砂漠の暑さもある。熱した金属の熱さもあれば、沸騰したやかんから出る水蒸気の熱さもある。その多様性や豊かさは限りがない。同じ摂氏30度の日であっても、耐えきれないほどの暑さの日もあれば、比較的快適な日もあることを経験する。

このように現実には、多様な熱さがあることは間違いない。これを認めつつも、温度計は、アルコールの膨張という量を「温度」と見る。「熱さ」を単一のものさしで数値化する。それは、現実の多様な「熱さ」という概念のごく一部を切り取ったものである。

しかしそれでも、この「温度」を定義し、計測することには、大きな意味がある。温度に影響を受ける機器を設計したり制御したりするには、温度という共通のものさしがなければ、どうしようもない。たとえ、人間が体験する豊かな現実をすべて反映したものでなくとも、まったく「ものさし」がなかったところに、客観的で計測可能な「ものさし」を創ることは、多様な変化を論じるための共通の言語を提供する。さらに、ものさしでは測れない違いも、ものさしがあることにより、むしろ、明らかになるのである。

温度計が登場した初期の実験では、当時の科学者たちは、温度計が何を計測しているのかがわからなかった（トーマス・クーン『本質的緊張』）。「熱さ」に関係していることは明らかだった。しかし、人々の感覚による「本来の正しい熱さ」とは著しく違っていた。温度計の値が同じものに対して、人はまったく異なる「熱さ」を感じることがたびたびあった。したがって、温度計は、正しい熱さとは異なる、何か複雑でわかりにくいことを捉えているように感じられた。

しかし、今、我々は知っている。「複雑でわかりにくい」のは、我々の感覚の方だ。温度計は、ものを構成する原子の運動の激しさを素朴に表すものである。温度という概念を受け入れるためには、見方が逆転する必要があった。感覚がわかりやすく、温度計が複雑でわかりにくいのではなく、温度計が客観的でわかりやすいものさしで、感覚の方があいまいで複雑な現象だということに気づく必要があったのだ。温度の場合には、この見方の逆転が起こったのは17世紀、約300年前のことである。

ここで取りあげた「集中」の定量化についても、「温度」について、人類が越えてきた山を越えなければならない。特に、「集中」については、自らの経験にもとづく感覚が、現時点では広く、深く認められている。業務でも、生活でも、法廷でも使われている。科学的な「集中」の計測値は、それとは完全には、一致することはない。「熱さ」の感覚と温度計の読みが合わないように。

しかし、計測量は感覚より客観的で、よりしっかりした根拠と基盤を持ちうる。感覚と異なり、大量に記録でき、参照でき、その変化や法則性を数学的に表現できる。

この新しい計測量が確立されれば、微分して変化を定義したり、積分して蓄積を定義したり、幾何学的な構造を定量化したりできる。これは過去数百年に科学が培ってきたさまざまな道具が活用できることを意味し、進歩の速度は格段に速まる。そして何よりも、一度この計測量に関する共通認識ができれば、人と人とが概念を共有でき、それにもとづく会話が可能になるのである。

温度計の歴史が示しているのは、計測量として追求するべきなのは、感覚と合わせることではなく、科学的な基盤のある量を見出し、その理論的根拠を確立することだ。そして、それをベースに、新たな世界観を創ることだ。

$1/T$方程式により、人のもっとも自然な状態としての「集中」の重要さが浮かび上がってきた。これまでこの「集中」の重要さに誰も気づいていなかったのだろうか。

もちろんそんなことはない。集中が人間にとって特別に重要な状態であることは、心理学ではすでに認識されており、定性的ではあるものの研究が進められてきた。ここで構築した定量的な方程式は、このような先人の知見をさらに深めることを次に説明しよう。

最適経験＝フローを測る

ハンガリー出身の心理学者ミハイ・チクセントミハイ教授は、人が行為に集中し、没頭することを「最適経験」と呼び、これを「フロー状態」と呼んだ。[6]「最適体験」あるいは「フロー状態」とは、言い換えれば目の前の行為をやりがいのあるものと感じ、自分の能力を発揮して楽しむ経験、あるいはその状況のことである。この「最適経験」は、まさに、我々が導き出した「人のもっとも自然な状態」と重なりあうところが多い。

心理学は、心の内側で体験する主観的な体験を長年研究している。その方法論は、質問紙（すなわち被験者に質問に数字で答えてもらうこと）によって、人がどう感じるかを数字にするというものだ。これにより、心という対象を主観を通して定量化し、学問にしてきた。これに対し、新しいウエアラブルセンサからのビッグデータは、身体運動を通して、客観的かつ定量的に人間行動の特徴を明らかにする。

両者は、同じ山を別の方向から登っているようなものだと思う。両者の知見が合わさるとき、客観的かつ科学的な知見と、本人の主観的なリアリティを兼ね備えた、人間行動の理解に達するのではないだろうか。

チクセントミハイ教授は、仕事やスポーツや趣味などで高いパフォーマンスを出す人々の実態を研究するなかで、こういう人たちが、口々に共通した体験を語ることを見出した。彼らは、目の前の行為から注意がそれることがなく、時間の過ぎるのを忘れることや、自分とまわりとが一体化した感覚を持ち、自分を意識することがなくなり、自分の思うように対象をコントロールできたと語ったのである。

この「最適経験＝フロー」を経験すると、人は楽しさや充実感を得る。一方で、注意を向ける対象が時々刻々飛び移り集中できないときは、精神的なエネルギーが浪費されたように感じ、楽しさや充実感を得にくいことを明らかにした。

このフロー体験の頻度は、人によって異なり、生活や職場でたびたび経験する人（1日の4割以上でフローを経験する）もいれば、ほとんど経験しない人（1日の1割以下しかフローを経験しない）もいる。

我々は、このフローの豊かさと1／T方程式との間には関係があるのではないかと考え、この対応関係を検証する実験を行った。この実験は、フローという概念の提唱者、チクセントミハイ教授と共同で行った[7]。

チクセントミハイ教授は、フロー状態を計測するために、独特の方法を考案し、利用してきた。これは「経験抽出法」と呼ばれる方法で、幅広く心理学の実験に用いられている。

経験抽出法では被験者は、センサや携帯電話などを持ち歩く。そして、平均約90分に1回の頻度でランダムに、各自のセンサ（あるいは携帯電話）にビープ音をならす。そこでビープが鳴った瞬間の自分の状態について簡単なアンケートに答えてもらう。予期しないタイミングで突然トリガーをかけて、そのときの経験に関する新鮮な記録を残すところがポイントである。その質問とは、具体的には、

「あなたは今、困難なことを行っていましたか」
「あなたは今、自分のスキルを発揮していましたか」

であり、これに対して、1から5の数字（よく当たっていれば5、全然当たっていなければ1）で答えてもらう。前者の質問は、そのとき取り組んでいることの「チャレンジ度」の高さを数値化するものであり、後者は、自分の「スキルの発揮度」の高さを数値化するものである。この両者の数字を組み合わせると、その人の状態を2×2＝4の4つに分類することができる（図3－2）。

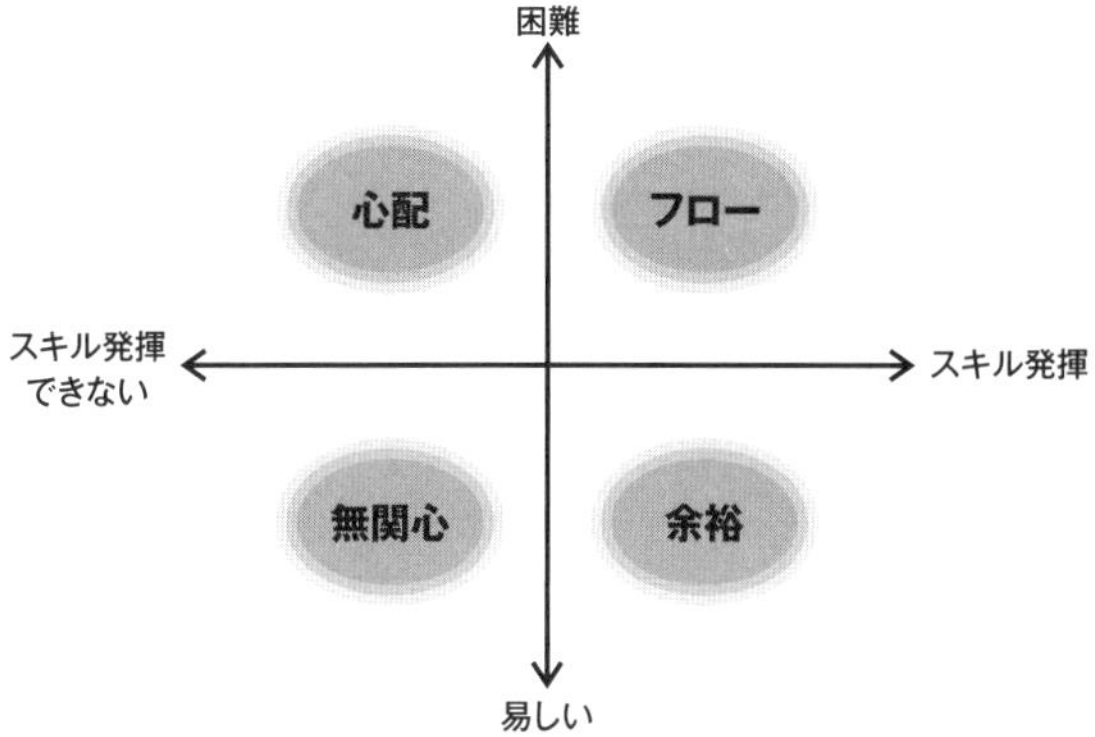

図3－2　「フロー」「余裕」「無関心」「心配」の4分類と、「スキルの発揮度」「チャレンジ度」の関係。

チャレンジがむずかしすぎて、スキルが発揮しにくい状態を「心配」、チャレンジ度が低くスキルが発揮されている状態を「余裕」、この両者のバランスがとれて、目の前の行為に没頭する状態を「フロー」、スキル発揮もチャレンジ度も低い状態を「無関心」と呼ぶ。このとき、チャレンジ度やスキル発揮が高いか低いかの線引きは、その人の期間中の回答の平均値を用いる。これにより、高めの数字をつける人と、低めの数字をつける人との違いを標準化することができる。

このような計測を2週間ほど行うことにより、ビープ音が鳴ったとき（数十回）の数値とそのときの「心配／余裕／フロー／無関心」という状態が得られる。

このように数値化される心理的な体験

と身体運動との対応を調べるために、被験者には名札型のウエアラブルセンサを装着してもらい、身体の運動や人との対面の有無などを調べながら、経験抽出法によるアンケート調査も行った。2週間にわたるセンサのデータから、その人の身体運動の特徴や人とどのくらいの頻度で接触しているかなどの情報が得られた。これらのデータからさまざまな身体運動の特徴を示す指標を作成し、その人のフロー状態との相関関係を調べてみた。

特に注目したのは、身体運動の継続性である。1／T方程式のメッセージは、人のもっとも自然な状態は、身体運動を続ければ続けるほどやめられなくなる、ドライブがかかった状態であるということだ。1／Tの法則に従うことはすなわちその人の身体運動がU分布に従うことと同義である。そして第1章で見たように、身体運動がU分布に従うことはエントロピーを最大化する状態である。すなわち、行動の自由度を制約されない状態といえる。これが心理学的な最適状態と結びつけば、心と身体との強い関係を示す架け橋になると期待したのだ。

実験結果は、この期待通りだった。やや速い身体の動き（定量的には2～3Hzの動き、つまり240～360回／分程度の、歩行時のリズムに近い動き）が継続し、また一貫して生じていることが最適経験（＝フロー）の頻度と相関していた。

具体的には、フローの頻度の多い人は、やや速めの身体運動の頻度に関して、ある

5分間とその次の5分間とを比較したときに、その頻度の変化が少ないということが明らかになった。フローになりやすい人は、やや速めの身体運動を継続する傾向が強いのだ。これは、身体の継続的な速い動きが、目の前の行為への集中を深めていくということと、集中する人は身体が継続的に速く動くことの両方を示している。

ちなみにフロー体験のときに一定の身体の動きが継続して生じているのかどうかも確認したが、これは必ずしもそうではなかった。フロー体験のまさにそのときに、継続的な速い動きや一定の動きの継続をしている必要はないようだ。

これにより、心の動きと身体の動きとが関係づけられた。実は、この発見には、自分の人生をコントロールする重要なヒントがある。

人が、もっともコントロールしたいのに、コントロールしがたいこと、それが自分の心であり、特に重要なのは「楽しんでいるか」ではないだろうか。フローとは、主観的な感想としての「楽しんでいるかどうか」を表すが、これを頻繁に経験するかどうかはセンサで計測可能な身体の動きと強く関係していることが明らかになった。仕事や生活に楽しさや充実感を得ている人は、身体運動の継続性が高いことが明らかになったのだ。楽しさや充実感という皆が望むものでありながら、なかなかつかみどころのなかったものが、目に見えて具体的なものに変わったのである。

身体を継続的にやや速く動かせるような状況をつくることにより、仕事や生活に楽しさや充実感を得ることが期待される。しかも、この動きは特殊なものではなく、1／T方程式が教えるように、人のもっとも自然な状態なのだ。

もっとも、仕事・社会的な制約や責任により、我々は、この自然な状態を忘れがちなのかもしれない。しかし、我々のセンサによる計測結果をフィードバックすれば、自分の状態を客観的に知ることができる。具体的には、毎日センサからアップロードされたデータから、自分の1／T方程式に沿った継続的な動きの頻度や、フローになりやすさを確認することができる。体重計による計測結果を日々確認することが、我々の食生活に影響を与えるように、この身体運動の計測結果は、我々の人生を自由度の高い自然な状態に保つための革新的な技術になると期待される。著者は、自分のセンサの計測結果を見て、2Hz以上の早い動きが多くなるように心がけてきた。これが、自分の毎日の生活の主観的な満足度と相関があることも確かめており、フローの頻度も明らかに増えている。具体的な工夫としては、会話する時に、できるだけ座らず立ったまま行うことを意識的に行っている。この方が、体が動きやすくフローになりやすいのだ。仕事が停滞した時にはオフィスの中を歩きまわって2Hzを超える身体運動を増やすこともこころがけている。

身体を制御することにより、心を制御する新たな道が拓けるのだ。

第4章

運とまじめに向き合う

偶然はコントロール不能なものなのか

一見、個人のスキルや性格で決まると思われる業務の生産性が、実は、その人のまわりの人たちの身体的な活発度に強く影響されることを第2章で紹介した。

そこで浮かび上がるのが「活気」という一見「古い言葉」であった。合理的、論理的な会社経営を行うべき、という社会の流れのなかで、ここ30年に関心が薄れていった言葉の一つだ。ここで科学的なデータ解析からその意義が改めて明らかになったのだ。

本章では、この「活気」と同様に、失われていったもう一つの言葉を取りあげたい。それは「運」という言葉。

近代日本経済の礎を創った渋沢栄一の『論語と算盤』(1916年)を見ると「成敗と運命」という1章をとって、運をどう捉えて、運をどう味方につけるかが、真剣に論じられている。

別の例では、大文筆家、幸田露伴の『努力論』(1912年)がある。最初の章から「運命と人力と」で、努力と偶然の織りなす人生をいかに捉え、いかに生きるかが論じられている。

かつて、運はこのようなまじめに議論する対象だった。ところが、いつか、このようにまじめに運と向き合うことが失われていった。代わって運という言葉に対し、斜に構えてまじめにとりあわないことが多くなった。しかし、今も昔も、人の人生や仕事の成否に、運が甚大な影響を持つことは変わりない。

現代のビジネススクールや経営者教育で運についてまじめに論じられることはあるだろうか。むしろ、運という言葉は、迷信や占いと結びつけられ、合理的な経営の判断では排除するべき概念とさえ考えられているかもしれない。

ここで、「運」を「人生や社会で確率的に起こる好ましい出来事」と定義してみよう。すなわち、人生やビジネスにおける「望ましい確率現象」と捉えるのである。

こうすれば、運を、科学者たちが長年格闘してきた統計現象の一種と考えられる。統計的な原理はあらゆるところに働いている。設計図も指示もないのに、水が100度で沸騰したり、塩基が集まって美しい二重らせん構造を形成したりするのも確率過程の結果であることを科学は解明してきた。このような科学の理論は、人の人生や会社の命運を理解し、よりよき方向に導く手段に使えないだろうか。

たしかに、運との出会いは確率にもとづく以上、個別の出会いを予測したり、当てたりすることはできないかもしれない。

しかし、確率現象は、繰り返し行ったときに、事象が発生する頻度を予測し、コントロールすることができる。つまり運との出会いを一回性のものではなく、繰り返しのなかで何度も生じるものと考えれば、そこに予測が可能になる余地が生じるのだ。たとえば、サイコロを1回投げて偶数の目が出るかどうかは、1／2の確率の偶然で決まるが、1000回投げたときに偶数が何回出るかという問題にすれば、約500回になることは予測できる。サイコロを投げる回数が増えていけば、その誤差は、どんどん小さくなっていく。試行回数Nが多くなれば、運も科学的に予測可能な現象として捉えられないだろうか。

我々の人生は、毎日が運との出会いの連続だ。運との出会いの機会を日々繰り返している。ある程度の期間をまとめれば、試行機会Nが増え、したがって運との出会いの頻度に関する予測精度が向上し、制御できるようになる可能性がある。結論をいえば、科学的な方法、特に統計物理の方法論が強力な武器となり、運と出会う確率を高めるのに役立つのだ。

人生や社会で起こる出来事は、ほぼすべて、必然と偶然の混ざりあったもので、偶然の要素を取り除けることはほとんどない。したがって、多くの出来事が確率的な事象である。運が重要なのだ。

しかし、我々は往々にして、「偶然」と「必然」という対立する概念で物事を二分したくなる。偶然に左右される現象はコントロールできないこと、必然はコントロールできることと分類してしまう。そして、必然をコントロールすることに力を注ぎ、偶然はコントロールできないとあきらめている。そして、これが合理的な判断だと思いがちだ。

だが、この偶然の要素をともなう現象も、確率をコントロールすることは可能だ。野球でもバッターが必ず打つとは期待できない。しかし、打率が2割のバッターよりも打率が3割のバッターを起用することで、出塁の確率を向上することはできる。1回限りの打席を見れば、2割バッターがヒットを打って、3割バッターが打ち取られることもある。しかし、打席を重ねれば、ヒットの数に明確に差が出る。このように偶然が含まれる現象の確率を上げることを、はなからあきらめては、みすみす多くのチャンスを捨てているようなものだ。

運は人との出会いによってもたらされる

運を「確率的に起こる好ましい出来事」と定義したが、これをビジネスの上でのことについてより詳しく定義しなおすと、「確率的に、自分が必要とする知識や情報や力を持っている人に出会うこと」といってもよいだろう。

アップル社の創業者スティーブ・ジョブズは、コンピュータと人間との関係を劇的に変えた人として長く記憶されるであろう。そこには、「運」も大いに関係している(以下ウォルター・アイザックソン『スティーブ・ジョブズI・II』(井口耕二訳、講談社）を参考にした）。

ジョブズは、大きな挫折を味わっている。自分の創業したアップル社の経営を強化するために自らが招き入れたジョン・スカリーに、経営方針の不一致からアップルを追い出されたのだ。

失意のなかで、ジョブズは、あるとき、昼食会でたまたま隣り合ったノーベル賞受賞者ポール・バーグと遺伝子組み換え技術について話をした。生物学では、実験が大変で数週間もかかる場合があることをバーグが語ると、「コンピュータでシミュレーションをされたらどうでしょう」とジョブズは質問する。それに対し、そういうシミュレーションができるコンピュータは高すぎて大学では買えないとバーグ教授に説明される。その瞬間に、ジョブズは、大きな可能性に気づき、急に目の色が変わったという。

ジョブズは、その後、このような大学向けのワークステーションの会社であるネクスト社を創業した。ネクスト社自身は、ビジネス面では大成功したとはいえなかった。しかし、10年近くたった後、そのネクスト社の優れたソフトウエアが買われて、ネクスト社がアップルに買収されるのをきっかけに、アップルの経営に戻る機会を得るのだ。それが、ジョブズとアップル社の、その後の快進撃につながっていく。

まとめると、昼食会のときのバーグとの出会いとそこで引き出したバーグの発言が、後の飛躍の源、すなわち運を招き寄せたわけだ。

漢字学者の白川静によれば、幸福ということは、古来めぐり回ってくるものと考えられたために、「運ぶ」ことを表す「運」の字が使われたものだという（『常用字解』平凡社）。事実、運は、多くの場合、人との出会いにより得られることは、このジョブズの例も含め、古今の伝記や体験記に多数記されている。

運との出会いを理論化・モデル化する

このように、人と人が出会い、会話することは、運と出会う通路を開くものである。しかし、誰が、どのタイミングで、自分に運をもたらすかは、予め設計することはできない。予め設計できないから運なのだ。

すでに、本書では、人と人との対面を記録するウエアラブルセンサ技術を紹介してきた。首にぶら下げる名札型センサに搭載された赤外線の送受信機によって、対面した相手と時刻を記録する。これを集計すると、誰と誰が関係あるか、会話しているかを示す関係性のマップ＝「ソーシャルグラフ」を作ることができる。ソーシャルグラフとは人と人との関係をグラフ、すなわち点を線で結んだ図で表現したもので、SNSなどでの知人関係のネットワークを俯瞰するために使われる。これまでリアルな世界の人間関係を表すソーシャルグラフは作成することが困難だったが、我々のウエアラブルセンサを使うと、人どうしの面会を記録することができるため、これをコンピュータに読み込むことで、ソーシャルグラフを作成させることができる（口絵4）。

これは、見方を変えれば、このセンサで運との出会いの機会を定量化できることになるのだ。その定量化の方法を説明しよう。

先のスティーブ・ジョブズの例では、バーグ教授との面会は、後の大発展につながる「運との出会い」となった。人との出会いを通じて、我々は、発想のヒントをもらったり、問題の別の見方に気づいたり、必要な本を紹介されたり、さらに人を紹介してもらったりする。このような機会をセンサは捉えるのだ。

もちろん、人に会ったから、必ず何かよいことが起きるわけではない。必然ではない。しかし、運をつかむ確率は人との出会いにより高められる。このセンサを使えば、この機会を数字で定量化できるわけだ。

実際には、どこに運があるかはわからない。自分にとって必要なことも、常に変わっているし、まわりがあなたに提供できることも、常に変わっている。たまたま、その両者が出会ったとしても、会話のなかで両者の持つ「交点」が話題になって初めて、運が効力を持つ。

この状況を理論化してみよう。自分に有益な情報や能力を持っている相手が、自分のまわりに、ランダムに所定の確率でばらまかれていると考えてみよう。

この状況では、自分が誰かと会うたびに、この有益な情報や助けになる能力と出会う可能性（あるいは確率）がある。単純には、あなたが会って話をする人数が多ければ、「運」と出会う確率も高くなる傾向はあるといえる。

しかし、会う人のなかには、顔が広くて情報通の人もいれば、誰ともめったに会話せず情報源の限られた人もいる。前者は、あなたの困っていることの助けになる情報（すなわちあなたの運）を運んでくる可能性が相対的に高く、後者はその可能性が低いと予想される。

この効果を考慮するには、自分が直接会う人たちの顔の広さ、つまり、その人たちがそれぞれ何人の人と会っているかを数えて、累計すればよい。これは結果的に、あなたの「知り合いの知り合い」までつながりをたどったときに、何人の人に到達できるかを調べるのと同じことである。これをあなたの2ステップ以内の「到達度」と呼ぶ（図4－1）。この2ステップ以内の「到達度」は、自分が有益な情報や能力との出会い（運との出会い）やすさの指標になると考えられる。

あなたに3人の知り合いがいて、その3人がそれぞれ、新たな2人と知り合いならば、あなたの到達度は9人である（直接の知り合いである3人とその先の間接的な知り合いである2×3人＝6人を加えたもの。あなたの知り合いの3人が互いに知り合いということもありうるが、その場合は新たな知り合いを増やさないのでカウントか

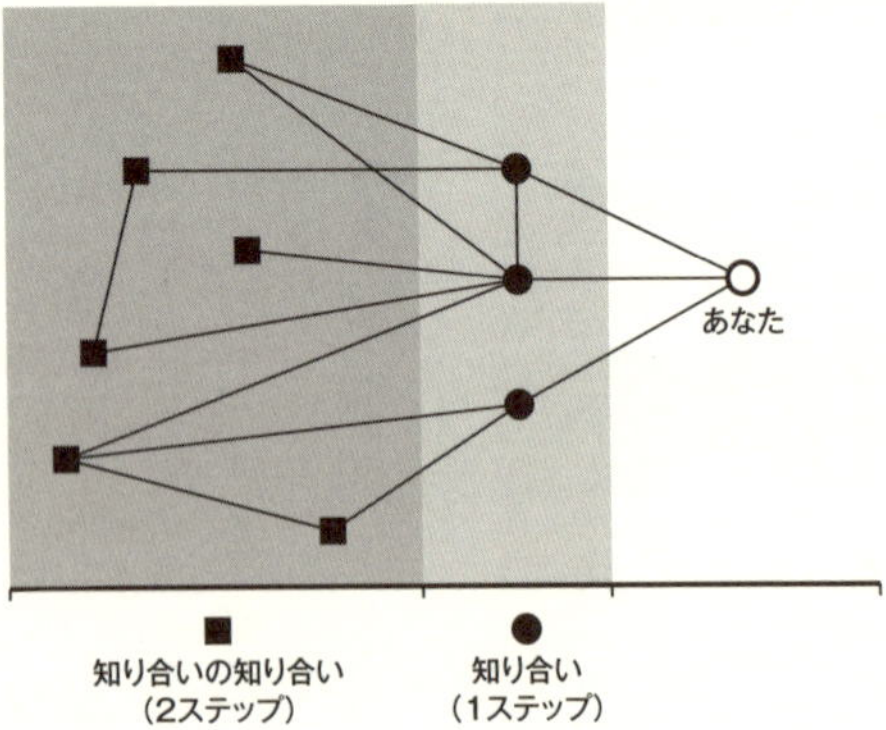

図4−1　2ステップ以内の到達度を表す図。この図の場合、「あなた」の「知り合い」と「知り合いの知り合い」を合わせた人数は9人なので、「2ステップ以内の到達度」は9となる。

ら省く)。知り合いの知り合いまでで9人とつながっているからだ。一方、あなたは同じ3人の知り合いがいても、その3人がそれぞれ10人と知り合いならば、あなたの到達度は33人となる。あなたの直接の知り合いの人数は、二つの場合でいずれも3人で変わらなくとも、あなたが人を介して出会う情報や能力の可能性は、後者の方が格段に広いことが、到達度の違いに現れている。

　もちろん、さらに「知り合いの知り合いの、さらに知り合い」という3ステップ以上離れた関係も、あなたに有益な情報や能力(すなわち運)を運ぶ可能性はある。しかし、2ステップに比べると格段にその確率は低くなる。

情報が伝搬しにくくなるからだ。

そこで、２ステップでの「到達度」（２ステップで到達できる人の数）を運のよさを表す指標としてよいだろう（ここから先では単に「到達度」という場合は、２ステップ以内の到達度を指すこととする）。これが、あなたが運に出会う確率を示すと考えられるのだ。そして、それはセンサによって定量化可能だ。

「到達度」は本当に運のよさの指標になっているのか

さて、ここまでは、あくまで想定が正しいとした場合の「理論的な考察」である。このように定義した指標は本当に「運のよさ」を表しているだろうか。

これを示す証拠がすでに得られている。我々は、マサチューセッツ工科大学（ＭＩＴ）と共同で、ある企業の部署がＩＴシステムに関する顧客からの問い合わせに対し、顧客に見積り提案を行う営業活動を調べた[1]。約30名の社員が、顧客からの問い合わせに対して約１ヶ月に９００件ほどの見積り提案を行う。この見積り作成がうまくいくかどうかを運という視点から調査したのだ。社員にはウエアラブルセンサを装着してもらい、そのコミュニケーションを通して、運のよさを評価した。

顧客からの引き合いのなかには、機械的に見積りできる単純なものもあれば、簡単には回答できない複雑な要求もあった。このうち、後者の複雑な要求の場合には、まわりの人たちが持っている情報や能力によって助けてもらう必要がある。想定を超える要求では、そもそも自社の製品で対応可能かどうかもわからず、見積りの回答の手法をマニュアル化できない。そのようなケースに見積りを回答するには、必要な情報や知識がどこにあるかも不明だ。したがって必要な情報や知識にめぐり会う運が結果を左右する。

調べてみると、この仕事がうまくいく人（複雑な見積り要求を受けてから回答するまでの時間が平均的に短い人）には、共通の特徴があった。だが、単純にコミュニケーションをとる知り合いの多い人が、仕事がうまくいくかというと、そういう相関があるわけではなかった。単に顔が広いだけでは、まわりにあるかもしれない情報や能力を活かせないわけだ。

実は、この仕事がうまくいく人は、共通して前記の「到達度」が高かったのである。「到達度」とは、自分の知り合いの知り合いまで（2ステップ）含めて何人の人にたどり着けるかであった。したがって、知り合いの知り合いまで含めて、自分の持っていない情報や能力にアクセスできる力を定量化したもので「運のよさ」を表す指標になるかもしれないと先に議論した。「到達度」が高い人が、顧客からの想定外の問い合わせの答えを知っているわけではないが、その答えやヒントに出会える確率が高かったと解釈できる。これは身近に見れば運がよい人に見えるであろう。運のよい人は、想定外の複雑な問題に対処でき、仕事がうまくいくのだ。

1回ずつの案件を見れば、運のよい人でもうまくいかなかったこともあるし、運がよくない人でもうまくいくこともある。しかし、多数の案件の統計を見ると、運のよさが、想定外の複雑な案件の処理を大きく左右しているのだ。逆に見れば、この仕事がうまくいかない人は、「到達度」が低い。すなわち、運が悪いから、マニュアルでは対応できない想定外の事態に対処できにくいわけだ。

運のよい人は組織のなかでどこにいるか

ウエアラブルセンサを使うと、この到達度を定量的な数字にできるとともに、運のよさをビジュアルに見ることができる。ウエアラブルセンサに組み込まれた赤外線センサにより、あなたが誰と面会しているかがデータとして記録され、前述のようにそこからソーシャルグラフを描くことができるからである。

たとえば、あなたを白丸（○）で表し、あなたが面会した相手を黒丸（●＝1ステップ先の面会相手）で表し、面会した相手がさらに新たに面会している相手を四角（■＝2ステップ先の面会相手）で表すことし、面会している相手どうしを線で結ぶ。こうすれば、あなたの白丸（○）の近くには、黒丸（●）が配置され、さらにその先に四角（■）が配置されることとなる（図4－1）。

面会といっても、言葉を多少交わすだけ、単に挨拶をするだけの関係では、まわりの持っている情報や能力が互いの助けになることは少ない。そのために、面会時間が、所定の基準値（有益な情報や相手の能力を会話で引き出す基準値として、週に15分以上の会話が必要という経験的な基準値を設けている）を超える関係どうしを線で結ぶことにしている。

運がよい人は到達度が高いと述べたが、ソーシャルグラフにはどんな特徴が現れるだろうか。ソーシャルグラフで見ると到達度（すなわち2ステップ以内でつながっている人の数）の大きい人は、たくさんの人が自分のまわりを取り囲むことになる。逆に、到達度の低い人は、まわりに人が少なくなる。

あなたは、この人と人とのつながりによって、まわりの人の持っている情報や能力で助けられる可能性が高まる。簡単なアルゴリズムにより、到達度の高い人が中心部に、そうでない人が周辺に配置されるようコンピュータにソーシャルグラフを描かせることができる。このようにすると、中心部には、まわりの人たちの情報や能力によって助けられやすい人（到達度が高く、運のよい人）が配置される。逆に、まわりの人たちの情報や能力に助けられることの少ない人（到達度が低く、運の悪い人）はソーシャルグラフ上、周囲には人がまばらになり、周辺部に配置される。

これまで私は、100以上の実際の組織について、このソーシャルグラフを見てきた。その経験からいうと、ソーシャルグラフの中心に位置する人は、必ずしも職位の高い人とは限らない。

たとえば、口絵4のソフトウエア開発組織のソーシャルグラフを見てみよう。高橋部長（仮名）は左端に配置されており、中心からはずれている。高橋部長は、最近、外部から着任した新任の部長で、組織とのつながりがまだ少ない。高橋部長がつながっているのは、若松課長他の3人に限られる。そのため、周辺部に押し出されている。到達度は5名と低い、すなわちまわりの能力や情報に助けられる確率が低くなっている（運があまりよくない）。高橋部長の運をもっとよくするには、組織の実質的なキーパーソンとつながる必要がある。そうすれば、組織のもっと中心部に移動してくるはずである。

実質的なキーパーソンとは、この組織では誰だろう。それは図に明確に出ている。それは喜多さんである。喜多さんは、図の中心部に配置され、たくさんの人とつながっている。喜多さんのつながっている先は、上司の若松課長から部下や同僚まで幅広い。定量的に見ると到達度では19名と高橋部長の3倍もある。

したがって、高橋部長の運を高めるには、たとえば喜多さんとの会話を増やすことが極めて有効である。高橋部長は多忙で、直接会話する相手を急に増やすことはむずかしいとしよう。しかし、高橋部長は、この喜多さんと話をするだけで到達度、すなわち「運」が飛躍的に改善する。定量的には、現状の到達度5を、この一人との会話を増やすだけで、13に上昇させることができる。運のよさの指標である到達度が2倍以上になることから、組織内にある情報や能力に助けられる可能性も大きく広がると期待できる。

このように、定量的な計測にもとづき、それぞれの時間的な制約の下で、効果的に自分の「運」＝到達度を高めることができるのだ。センサによる計測結果にもとづき、それぞれの人に到達度を高めるもっとも効果的な会話の相手をシステムが示唆することができる。

ここから先は到達度を運のよさと同一視し、カッコつきの「運」という言葉を到達度と同義として話を進める。

「リーダーの指導力」と「現場の自律」は矛盾しない

組織の盛衰には、組織の「リーダーの運」が大きく影響することは明らかだ。

我々は、さまざまな組織の「リーダーの運」を、この到達度を使って評価し、どうすればよりよい組織が実現できるかを研究してきた。

ここで注意すべきは、リーダーのコミュニケーション相手をむやみに増やせばいいということにはならない点である。そうすれば到達度の数値は、理屈の上では高くなるが、現実のリーダーの時間的な制約を考慮するとそれには限界がある。

実は、リーダーのコミュニケーション相手やコミュニケーション時間をまったく増やさずに、リーダーの到達度を高める方法がある。

これを調べるために、さまざまな組織のデータを比較して、「運のよいリーダー」（到達度の高いリーダー）に共通に見られる特徴がないかを見てみた。もちろん、リーダーによって、到達度の大きさは大きく異なる。そこで、リーダーの到達度が高い組織のネットワークの特徴を調べてみた。一見、リーダーが直接つながる相手の数が、リーダーの到達度に直接関係しそうである。ところが、これはほとんど関係がなかった。

むしろ重要なのは、組織のメンバーどうしのつながりであった。さまざまな指標との相関を探した結果、浮かび上がってきたのは、メンバー間に「三角形」のつながりが多いと、その組織の「リーダーの運」がよくなるのだ。

ここで「三角形」とは、知り合いどうしをつないで三角形ができることをいう。たとえば、あなたの知り合いを二人選んだときに（たとえばその二人をAさんとBさんとしよう）、その二人どうしが知り合いならば、あなたとAさんとBさんは三角形を作っている。逆に、あなたがAさんとBさんを知っていても、AさんとBさんが知り合いでなかったら、三角形はできていないことになる（図4－2）。

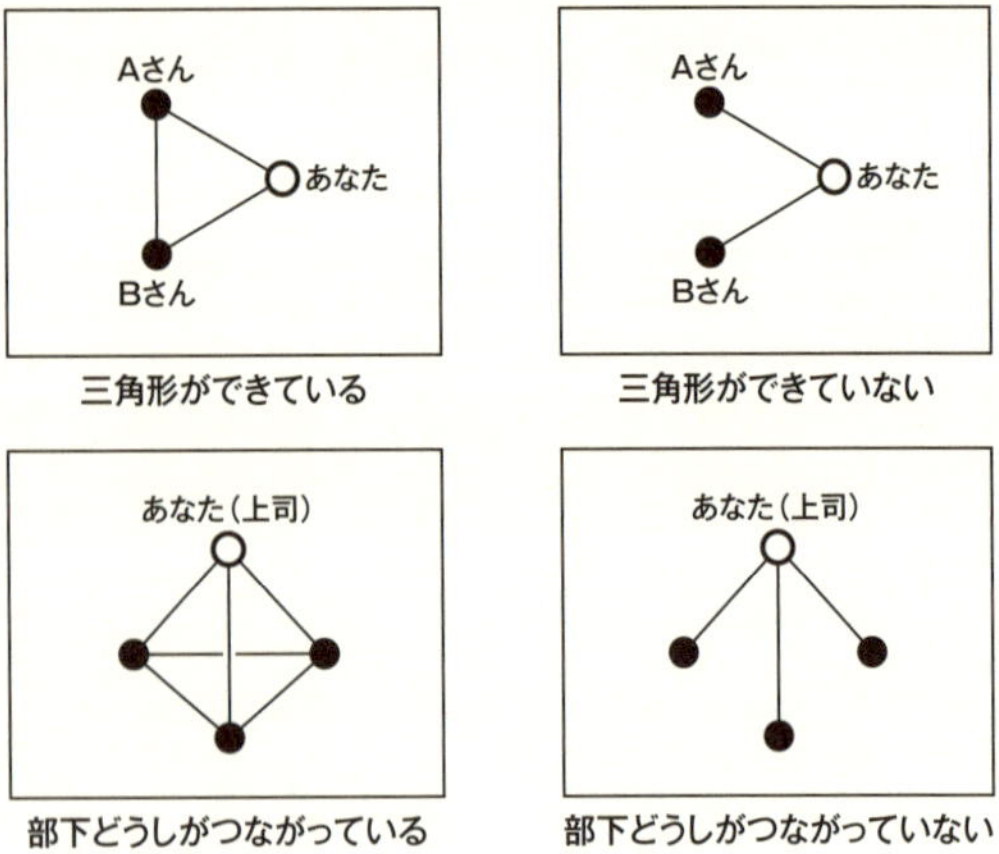

図4―2　ソーシャルグラフに「三角形」ができることを表す図。「あなた」の知り合いどうしが知り合いだと、「あなた」のまわりに三角形ができる。

組織でよくあるのは以下のようなケースである。あなたが、5人の部下をまとめているとしよう。あなたと部下の5人とはつながっていて、あなたを中心とした放射状になっている。しかし、それだけでは、三角形はできていない。三角形ができるには、5人の部下どうしがつながることが必要だ。部下が、別の部下と直接会話するということだ。上司と部下という公式のつながり以外のつながりがあって、初めて三角形が形成されるわけだ。

メンバーのつながりに三角形ができると何が変わるだろうか。まず、三角形がまったくない場合を考えよう。すなわち、あなたが5人の部下と放射状に会話しているものの、部下どうしはつながっていない場合である。

このとき、部下のAさんの仕事に問題が発生し、実はそれは、別のメンバーBさんの持っている情報で解決できるとしよう。あなたがオフィスにいるときには、Aさんはあなたに相談し、あなたはBさんに必要な情報を聞き出し、Aさんに伝えることができる。しかし、あなたが出張しているときは、このAさんの問題は、あなたが帰ってくるまで解決されないだろう。Aさんは、Bさんの持っている情報を知らないから、聞きようがない。

もしも、AさんとBさんが普段から直接話をしていたらどうだろう。すなわち、あなた―Aさん―Bさんの三角形が形成されていたらどうだろう。上司のあなたがいなくとも、Aさんは、Bさんに直接聞いて、問題は解決されるであろう。

このように、組織ネットワークにおいて、三角形が多いと、リーダーが直接的に介入しなくても、現場で自律的に問題が解決される可能性が上昇する、つまり現場の運が上昇すると考えられる。三角形が多いことは、現場でのメンバー間でつながりがあることと対応する。つまり「現場の結束の強さ」を三角形の数という数値で表すことができると考えられる。そこで、ソーシャルグラフ内で各メンバーの周囲に何個三角形があるかを数え、メンバーの平均をとったものを「結束度」と呼ぶことにした（図4―3）。

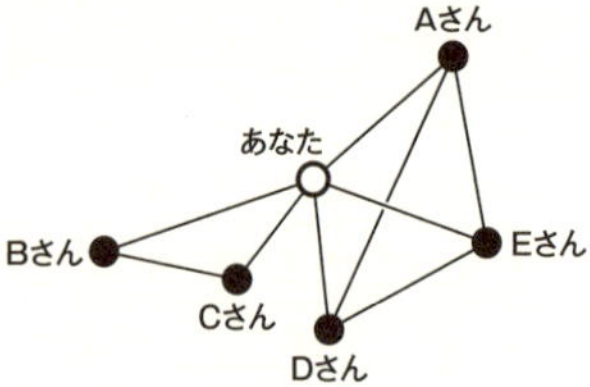

あなたの周囲の三角形の数		＝4
Aさんの	〃	＝3
Bさんの	〃	＝1
Cさんの	〃	＝1
Dさんの	〃	＝3
Eさんの	〃	＝3

結束度（各メンバー周囲の三角形数の平均）**は、15÷6＝2.5**

図4－3　組織の「結束度」の計算方法を表した図。各メンバーの周囲に「三角形」がいくつあるかを数え、その平均をとったものが結束度である。

さまざまな組織のデータを整理すると、先に述べたように到達度の高いリーダーの率いる組織では、現場力の指標であるこの結束度も高いことが明らかになったのだが、これはよく考えると意外なことである。

到達度の高いリーダーは、多くの部下と2ステップ以内につながっているので、組織で起きている実情を掌握し、また、指示も部下に伝わりやすいはずだ。一言でいうと、この組織の「リーダー力」は高いということだ。

しかし、このような「リーダー力」の高い組織では「現場力」が弱くなる、と心配する人が多い。一方、前記の結束度は、まさに「現場力」の指標である。したがって、「リーダー力」＝

「リーダーの到達度」と「現場力」＝「結束度」とはトレードオフになると予想する人が多い。ところが、ここで大量のデータから得られた結論は、「リーダー力」の高い組織は「現場力」も高いということだ。

これは、次のように考えると理解できる。三角形というのは、ネットワークのなかの「ショートカット」（近道）を表している。たとえば、AさんがBさんを介してCさんとつながっているとしよう。このときに、AさんとCさんとの間に直接のつながりができるとABCの三角形が形成される。これにより、Bさん経由のパスを「ショートカット」することができる。2ステップかかっていたAC間の経路を1ステップでダイレクトにつなぐことができるのだ。

このようにメンバー内に三角形が豊富にできると、このようなショートカットが豊かになる。そのような組織では、リーダーは、このショートカットを活用し、2ステップ以内で、多数のメンバーにつながることができる。したがって、リーダーの到達度が高まり、リーダーはメンバーの持つ能力や情報を有効に活用しやすくなる（すなわち運がよくなる）。

先ほどの口絵4のソフトウエア開発組織でこの状況を見てみよう。この組織は、高橋部長の到達度が5と低い。これに応じて、メンバーの人数が少ない割に、リーダーの高橋部長から末端まで5ステップもかかっており、関係が遠い。

これは単に高橋部長がつながっている相手の人数が3人と少ないことが原因ではない。むしろこの原因は、結束度（ソーシャルグラフのなかで各人の周囲にいくつ三角形があるかの平均）が、2・2と低いことにも関係している。平均的な組織では、この結束度は、4程度である。

たとえば、喜多さんを見てみよう。喜多さんは9人もの人たちにつながっているのに、そのつながっている人どうしがほとんどつながっていない。喜多さんに限らず、組織全体に三角形の数は少ない。

したがって、高橋部長は、自分のつながる先をまったく変えなくとも、組織のなかに三角形を増やすことで、自分の「運」を高めることができるのだ。現場の結束を高めて、相互につながりあうことで、リーダーは組織の能力を活かすことができるのである。

さらによいことに、メンバー間に三角形が多くなると、各メンバーの到達度が高まる。これにより、メンバーも、まわりの持つ能力や情報を活用できる可能性が高まる（メンバーの運もよくなる）。メンバーの仕事もうまくいくようになる。

先に紹介した、複雑なITシステムの見積りを提案する業務でも、この三角形、すなわち結束度の効果が表れている。自分のまわりに三角形が多い社員は、複雑な顧客要求に、平均して短い時間で回答できていた（運を呼び込んでいた）。

数値化することで言葉の呪縛から自由になる

リーダーの「運」がよくなると、メンバーの「運」がよくなる。逆も真だ。リーダーと現場のメンバーとは、互いに相互依存しあっている。

しかし、リーダー力が高いと、現場力が低下すると思っている人が多いのはなぜだろう。これは、「リーダー力」と「現場力」のように互いに対比する二つの言葉を使うと、我々は反射的に「リーダーか、現場か」、あるいは「トップダウンか、ボトムアップか」という二者択一の問題と捉える思考の習慣ができているからだ。

同様な二者択一の言葉に縛られる習慣は、世の中のいたるところに見られる。「政治主導」か「官僚主導」か、という議論では、政治と官僚との相互依存という可能性が最初から忘れられている。あるいは、企業の目的は、「営利」か「非営利（公益）」か、という議論がある。ここでも、営利を追求することで、公益を創るという相互依存の可能性が忘れられている。「仕事」か「プライベート」か、という議論でも、仕事がプライベートを豊かにし、プライベートが仕事の成果を高めるという相乗効果の可能性が忘れられている。「ワークライフバランス」という両者の綱引きを前提とした言葉に、この言葉の呪縛が象徴的に表れている。

人間に関する科学的、定量的なデータは、二者択一以外の道、すなわち両者の統合と協調の道を我々に思い出させてくれる。定量的な計測データは、このような人間の認知の限界を超えて、現実の真実の姿を明らかにする。

「到達度」の制御で組織統合を成功させ、開発遅延を防ぐ

最近は、経営統合や企業買収が頻繁に新聞やニュースを賑わせている。これは、グローバルなビジネスの競争が激しくなるなかで、業界の上位数社しか、生き残れない時代になっているからだ。

企業間の大型合併だけでなく、企業グループ内の組織再編なども含めると、組織統合の頻度はさらに増える。これがうまくいくかどうかは、日本や世界の経済成長の行方にも影響を与える大きな問題だ。

企業の統合は、組織とその社員のその後の運命に大きな影響をもたらす。新会社では、新しい出会いの機会が増える。それまでライバルだった相手企業の社員と、今度は協力者として連携できるだけでなく、その先の顧客やパートナーなどにコンタクトできる可能性が広がる。その意味では、統合は積極的に活かすべきチャンスである。

一方で、環境、組織、そして業務も急激に変わるなかで、思うようにつながりが持てず、新たなチャンスを見出せない人もいる。内向きの調整に多大なエネルギーを使うリスクもある。社員が、自分のまわりで起きている変化をチャンスとして活用でき

なくなったら（かえって運を低下させることになったら）、その企業統合は、失敗に終わる危険性が高い。

新しい組織図を紙に書くのは簡単だが、実際に生身で生きている人間の集団を統合するのは簡単ではない。背景や文化の異なる集団を統合するのは、社員にも経営者にも大きな苦労と覚悟をともなう。しかも、すべてを予め設計できるわけではない。やってみないとわからないことが多い。そのために、結局はうまくいかなかったケースが多い。

このようなとき、これまで説明してきたまわりの人たちの持つ能力や情報をプラスに活用する確率（すなわち「運」）をコントロールする技術が威力を発揮する。ここでは具体的な企業内の組織統合の実例を使って、「運」のコントロールがいかに効果的に働いたかを説明しよう。

この会社では、二つの製品系列を開発・製造していて、それぞれ別の部署が開発していた。実は、両製品には技術的に共通部分が多いため、両組織を統合して、開発リソースをより有効に活用できれば理屈の上では競争力の強化につながると想定された。しかし、歴史や文化の異なる部署の合併というのは簡単ではない。そのことをこの会社の幹部は懸念し、我々はウエアラブル（名札型）センサを使ったコンサルティングを依頼された。

まず、メンバーには、統合前からウエアラブルセンサを継続的に装着してもらった。両組織の統合直後のソーシャルグラフを見ると（口絵5）、出身組織別にはっきりと色分けができていて、分離していることが可視化された。統合前に比べて、リーダーの到達度はほとんど増えていなかった。新組織のメリットが活かされていないことは明らかだ。

我々は、この新体制で、リーダーと一人一人のメンバーの到達度を科学的に高める施策を行った。具体的には、このソーシャルグラフに表されるような計測データから、メンバー一人一人の到達度を向上させるのにもっとも効果的な会話の相手の候補をそれぞれ抽出し、その人と話をしてもらうような施策を行ったのである。

相手の選定は次のように行った。計測データから現状、誰と誰がつながっているかという情報と到達度（＝2ステップで到達できる人の数）の実績がわかる。加えて、さらに新たな人とつながりをつくった場合にどれだけ到達度が増えるかも予測できる。自分が誰とよく話しているかは知っていても、その先でどんなつながりになっているかは個人の認識力ではわからないので、計測データなしでは、新たな相手と話すことでつながりがどのくらい増えるかを知ることはできない。この計測データから、人間の知覚の限界を超えて、誰と会話をすれば到達度がどのように増えるかが初めてわかるわけで、この情報を利用して各個人の会話相手の候補者をそれぞれ複数人選定した。

さらに、この複数の候補者のなかで、比較的仕事の関連性の強い人から優先順位をつけていった。仕事の関連性がある上に、その人とつながることによって到達度が向上する人がもっとも効果的な会話や情報交換の相手になる可能性が高いからだ。仕事の関連性の強さは、ネットワーク上の距離で定量化することができる。たとえば、自分が直接つながっている相手を「ステップ数1の人」、ステップ1の人の先でつながっている人(知り合いの知り合い)が「ステップ数2の人」、というように、何ステップでその人にたどり着けるかを定量化すると、相手とのつながり上の距離を数字にすることができる。この距離が大きすぎると仕事上の関連性も弱いと推測される。複数の候補者のなかから、この距離にもとづいて、優先順位をつけていった。

この準備を行った上で、メンバーの全員を集めたワークショップを行った。このワークショップでは、予め決めた4~5人のグループごとのテーブルに分かれ、組織融合の目的である「製品開発の短期化」を実現するために必要なことや各自ができることについて対話してもらった。約20分の対話セッションを続けて3回行ったが、セッションごとに、新たな組み合わせのグループで議論をしてもらった(これは「ワールドカフェ」[2]と呼ばれているワークショップの手法を一部活用したものである)。

このグループ分けには、上記のデータを使ってメンバーの組み合わせを綿密に設計した。最初のグループでは、上記の到達度を高める候補者のなかで、比較的業務の近い人どうしが同じグループになるように設計した。これは、まず、業務上近い人との対話の方が話題が創りやすく、気楽な対話の肩慣らしとなるためである。そして、徐々に、業務上の距離の離れた人との対話を通して、視野を広げ、自分の殻を超えていってもらった。このような設計ができるのは、ウエアラブルセンサによる計測結果の威力である。

この組織では、統合から3ヶ月の間に、このようなワークショップを4回行うことで、組織メンバーとリーダーの到達度が向上し、これにより自分のまわりの能力や情報に助けてもらう可能性（すなわち運）を大幅に高めることに成功した。

この組織統合の進捗の指標として、リーダーからメンバー全員へ何ステップで到達できるかを指標として見てみると、当初、5・9ステップかかっていたものが、3ヶ月後には3・7ステップまで短縮された。これにともない、リーダーの到達度は、約2倍に向上した。現場の結束を表す三角形の数「結束度」も50%向上した。

結果として、3ヶ月という短期間に、二つの組織を深く融合することができた（口絵5）。これはソーシャルグラフ上、視覚的にも明らかだ。このような組織統合の進捗が数字や図で見えるのは画期的なことである。

さらに重要なのは、統合前には、頻発していた開発遅延がなくなったことである。これは、メンバー一人一人の運が高まった結果だ。製品の開発には、予め計画できない技術的な困難や予想外の問題の発生が避けられない。それをいかに乗り越えるかが成功の鍵となる。メンバーの運を高めるということは、問題が起きても、それに早く気づき、短時間に解決される確率が高まったということになる。

もちろん、どんな問題が起きても解決できるということが保証されるわけではない。しかし、確率が高くなることの効果を軽く見てはいけない。野球のトップバッターでも打率は3割5分程度である。並のバッターは、2割7分程度であろう。その8分の差が、勝負を分ける決定的な差となるのだ。ビジネスも一緒だ。

メンバーへのアンケート結果でも、これが明確に出た。9割の人が「他の人に相談しやすくなった」「意見を発言しやすくなった」と回答した。疑問があるときにすぐに人に聞いたり、相談したりするというのは、「運」のよい人に共通する特徴である。この結果、8割の人が「問題の解決速度が向上した」と回答した。

製品の開発が目標期日より遅れると、企業は事業機会を失い、約束していた顧客の信頼を失い、ライバルとの競争力を低下させる。さらに、社員は遅れに対処するため長時間労働で疲労する。この負の連鎖を断ち切る意味で、開発遅延の解消の意義は大変大きい。

到達度という指標を通して、科学的に運を高めることで、企業経営に革命を起こすことができる。

運をつかむには会話の質も重要

ここまで、運と出会うための人との出会いとつながりを定量化してきた。しかし、仮に新たな相手と出会ったとしても、具体的な情報や能力を引き出せる両者の会話の接点を見出すことが必要だ。そこで重要なのが会話の質である。

先のスティーブ・ジョブズの例に戻って考えて見よう。この実例は運をつかまえるための会話の本質を凝縮しているからだ。

ジョブズは、ノーベル賞学者のバーグ教授とたまたま昼食会で隣り合って、そこで、遺伝子組み換えについて話を聞いた。ここで新たなつながりが生み出されたことになる。ノーベル賞学者であるバーグ教授には、背後にたくさんの人や情報とのつながりがあるに違いない。したがって、この会話によって、ジョブズは到達度を一気に高めたことになる。

ここで専門分野の異なるバーグ教授と、コンピュータとは一見関係ない遺伝子組み換えの話を大変熱心にしていることに注目したい。ジョブズは、このような知識を吸収できる機会があると、常に熱心に人の話を聞いていたという。一見自分の仕事と関係ない話題でも、相手や相手の仕事に関心を持って話を聞く習慣があったのだ。

しかし、それだけでは、自分の知識を広げただけで終わる。ジョブズはそこで終わらなかった。さらに「コンピュータでシミュレーションをされたらどうでしょう」という素朴な疑問を投げかけて、一見関連の薄い、遺伝子研究と自分の分野であるコンピュータとを結びつけている。当初もっぱら聞き役にまわっていたジョブズは、この質問で、自分の分野との接点を見出している。それが先の具体的な発展につながっていくのだ。

これが「つながり」だけでは説明できない「会話の質」の重要性である。これを、ウエアラブルセンサの計測データを通じてさらに深めてみよう。

会話とは「動き」のキャッチボールである

第2章で紹介したように、人は積極的な問題解決や創意工夫を目指すと、会話中に基準値を超える速い身体の動きの成分が増える。つまり会話中の「活発度」が上がる。具体的には、相手の発言にうなずいたり、問いなおしたり、自分の考えを述べたりすると、速い身体運動が増えることと対応している。質の高い意見交換には必然的に身体運動の増加がともなうのだ。

「会話の質」というと、我々は会話の内容や、交わされた言葉に注目しがちであるが、このようなことから実際には会話の際の身体の動きにこそ会話の質が現れると考えられる。会話の質はウエアラブルセンサで計測した身体運動により評価できるのだ。この身体運動と会話の関係について考えてみよう。

会話は、しばしばキャッチボールにたとえられる。ある人が、語りかけ、それを相手が受ける。それを受けて、相手が、今度は投げ返してくる。これを捉えて、会話は「言葉のキャッチボール」と表現されることがある。

しかし、この「言葉のキャッチボール」という表現は、実は、正しく会話を捉えてはいない。現実の会話を観察してみれば、これはすぐにわかる。あなたが上司で、部下（の佐藤さん）に転勤を伝える場面を考えよう。

「拡大する当社インド事業の営業体制を大幅に強化するために、10月1日付けで、佐藤君にはインドに駐在してもらい、この拡大する市場において大いに活躍してもらうことにしました」

実は、これをあなたが話している20秒ぐらいの間、部下の佐藤さんは一言も話していない。言葉のキャッチボールはない。しかし、部下は、全身で今回の辞令に対する自分の態度を表現しているはずだ。あなただって、言葉を発しながら、部下の反応を見ている。部下が体全体で発するシグナルを読み取ろうとするはずである。

部下からのシグナルは、目つきに、顔つきに、首の向きに、手の動きに、体全体の姿勢に、微妙な動きに、表れる。

佐藤さんは、以前から海外駐在が夢で、しかも、これからはアジアの時代だから伸びるアジアでの経験をしてみたいと思っており、この辞令に目を輝かせたかもしれない。あるいは、逆に、佐藤さんは最近奥さんに重い病気が見つかり、自分がケアしてあげることが必要になっており、今回の辞令に苦慮しているかもしれない。

よく考えると、文字に起こせる情報は、この場合あまり大事でない。部下の佐藤さんがこれに反応して

「駐在地は、インドのどこですか」

と答えたとしよう。この文字だけ見ても、部下の佐藤さんが、転勤辞令に前向きなのか、不満なのか、態度を決めかねているのか、あるいは不安なのかはわからない。どちらにもとれる。実は、文字情報ではわからない。

しかし、もしその場にいたら、佐藤さんが全身や声のトーンで発しているシグナルを見れば、どちらかは明らかである。我々は、このような言外の情報からの推測を日常的に行っており、このシグナルを読む訓練を生まれたときから積んでいる。

我々は、頭では、相手はネガティブな反応を「Ｎｏ」「いいえ」などの言葉で表現

すると思っている。

実は、あなたは現実の場面では、そんなことには頼ってはいない。相手がネガティブな反応を示すときには、あなたの動きに、敢えて動きで反応しないことにより拒絶を表現する。さらに目や顔の向きを合わせないことで意識的にそれをアピールする。これらは、乳児でも知っているコミュニケーションの一つである。それをあなたは常に感じ取り、話し方や内容にフィードバックをかけている。

コミュニケーションを分析すると、言語的な要素は、コミュニケーションの10％以下しか影響せず、残りの90％以上は、身体運動などの非言語的な要因によることが知られている（このような非言語的なコミュニケーションに関しては、マジョリー・ヴァーガス『非言語コミュニケーション』（石丸正訳、新潮社）に詳しい）。

我々はこのコミュニケーションにおける身体運動の効果をウエアラブルセンサを使うことで科学的に計測し、理解する研究を進展させてきた。我々のウエアラブルセンサでは、まず、赤外線を使って、両者が互いに近くで向かいあっていることを検出し、その上で、センサに内蔵した3軸の加速度センサの信号を解析して、この身体の動きを計測する。加速度センサは、1秒間に50回（すなわち20ミリ秒に1回）という詳細な人の動きの波形を捉える。x、y、zという3方向の波形が計測できれば、その人の動きを再現できる。加速度センサは、極めて微小な動きも見逃さないで捉える。

この計測した身体運動を活用し、会話を「言葉のキャッチボール」ではなく、「動きのキャッチボール」と捉えてみよう。相手にメッセージを伝えようとするとき、人は基準値を超える速い周波数の動きを無意識に使うからだ。動きのメッセージを投げかける人をピッチャー、これを受ける人をキャッチャーと呼ぶことにする。多くの場合、ピッチャーは、言葉を投げかける人でもあり、キャッチャーは言葉を受けとめる人でもある。会話中には、動きや言葉のメッセージが投げられ、これを受けとめる人、無視する人、投げ返す人、などのさまざまなダイナミクスが同時並行的に起きている。これらが身体の動きに現れ、それが計測されるのだ。

一方通行の会話と双方向の会話に関する研究

これだけの計測を使えば、望ましい会話や会議を科学的に定義し、その品質を測れるだろうか。答えはイエスだ。すでに、指標がいくつか見つかっている。そのもっとも基本的なところをここでは紹介しよう。その指標とは、会話の「双方向率」である。会話は、情報を伝えるものだとすれば、一方通行でもよさそうである。双方向である必要はないかもしれない。しかし、ドラッカーはいう。「コミュニケーションと情報とは違うし、むしろ互いに正反対または相補的な位置づけにあるものである」（『Management』[3]）。

コミュニケーションは、受け手が理解してこそ意味がある。話し手の問題ではない。しかし、話し手と受け手は、違う前提で世界を見ている。人は一人一人その経験も能力も異なる。同じ言葉を別の意味にとる。問題と対立が生まれるのはここからであり、ここでどうするかが重要なのである。

そこで、このような対立や問題にどう向き合うか。我々と共同研究するベルギーにある研究機関IMEC[4]のフランキー・カトーア教授によれば、それには大きく分けて、3つの態度がある。一つは、「建設」的な議論を戦わせて、対立を超えた解を求めることである（原語では、Criticalであり、原語に忠実に訳せば「臨界」的だが、より日本語として自然な「建設」とした）。二つめは、リーダーの意見にフォロアーが従うこと、すなわち「追従」（Follow）することである。3つめは、立場や意見の違いを超えることに消極姿勢を示し、もし対立を解消することができるとしたら相手が変わるか、相手側に行動する責任がある（自分にはその責任はない）という態度をとることである。これを「懐疑」的（Skeptical）と呼ぶ。

この「建設」「追従」「懐疑」のなかでは、常に「建設」が望ましい。「建設」を100％にできるし、それを目指すべきだ、というのがカトーア教授のコミュニケーション理論である。

「追従」に関しては、上司に部下が「追従」するのは、組織を指揮命令（いわゆる上意下達）で動くところと見ると何も問題なさそうである。たしかに、上司がスーパーマンで、すべてを把握し、すべての能力に関して部下よりも上であったらそうだろう。しかし、現実は違う。現場の実情は部下の方がよく知っており、現場での実装能力についても部下が上回る面があるのが普通だ。その知識や能力と上司の知見や権限を掛け合わせることが必要だ。

「懐疑」は、双方に無駄な時間とエネルギーを要求する。積極的に聞く気もない人を説得するには、膨大な時間とエネルギーが必要だ。一方、自分が知っていることや信じていること以外を聞いても何も変わらないと思っているのでは変化は生まれないし、独善的になる。加えて、「懐疑」的な態度をとること自体が、精神衛生上もよくない。「懐疑」は組織の力を弱める大きな病気である。しかし、「懐疑」は幅広い人たちの習慣になっている。一時的には、楽で無駄を避けられそうな気がするからだ。長期的には組織もその人をも蝕む。

カトーア教授のコミュニケーション理論は、会話という複雑な現象を3つのモードに明確に分けたところに切れ味のよさがある。しかし残念ながら、カトーア理論は定性的だった。

ところが、これに定量的な根拠が最近構築された。一橋大学の沼上教授らは、独立に、108企業で、大規模な質問紙での調査を行い（「組織の重さ」研究と呼ばれている)[5]、「建設」的な会話によって問題解決を行うことが、その企業の収益性と強く相関していることを実証したのである(沼上教授の報告ではカトーア理論の「建設」に相当するものを「直接対決＝徹底的に議論して、議論で白黒をつける」と呼んでいる)。この「重さ」の問題がある事業体と問題がない事業体は、平均して0・2σも利益率が高いことが見出されている(σ(シグマ)は調査組織における利益率のばらつきの値。「標準偏差」と呼ばれるもの)。

逆に、問題解決に対して、「追従」的な行動や「懐疑」的な態度がある企業は、収益性が低いことも同時に実証された(ここで、沼上教授の報告では、「直接対決」以外を、さらに「強権」「妥協」「問題回避」という3つに分類しており、カトーア理論は「建設」以外を「追従」「懐疑」と2分類しているので、一対一で対応するわけではない。しかし、中身には共通部分があることを考慮し、ここで筆者は「直接対決」以外と「建設」以外とを実質同等と見なして比較している)。「追従」あるいは「懐疑」的な態度が多い企業では、組織の動きが「重く」なっている。この「重い組織」とは、「内向き調整」が多く、組織が「弛緩」し(緊張感が薄れ)、新しいことに「挑戦」することが少ない組織を指している。

これほどまでに会話の品質は重要であるが、我々のウエアラブルセンサを使えばこの「建設」的な会話になっているかどうかを計測可能である。「建設」的な会話では、参加者間の双方向率が高くなり、「追従」や「懐疑」的な会話では、必然的に動きの「双方向率」は低くなるからだ。

会話の質の指標は身体運動の測定値から明確に定義できる

ここではその定量的な指標として以下のように「双方向率」を定義した。会話のときに、会話に参加しているペアを取り出し、その両者に基準値を超える速めの身体運動（活発度を測ったときに使ったのと同様の判定基準）があるかどうかを毎分調べ、両者ともにそのような身体運動があるとき（その1分）を「双方向」とする。逆に、その1分に基準値を超える速い身体運動が一方にしか見られない場合には、それを「一方通行」と呼び、速い身体運動があった側を「ピッチャー」、速い身体運動がなかった側を「キャッチャー」と呼ぶ。これを会話の時間全体にわたり行い、全時間のなかで「双方向」の割合を「双方向率」と定義した。たとえば、1時間の会話は、60個の「双方向」あるいは「一方通行」（さらにピッチャーかキャッチャー）の連鎖としてラベルをつけられる。このうち「双方向」が30分あれば、「双方向率」は0・5と定量化できる。このようにして測定された双方向率が高い会話は、「建設的」であるし、逆に「建設的」な会話は双方向率が高くなる。この指標は第2章で述べた「積極的に問題解決をする」ことと会話中の活発度の高さとの関係や、活発度の伝染を総合的に見ることができるものとなっている。

ここで重要なのは、理想的には「建設的な議論が大事」ではあっても、現実にはそうもいっていられないことだ。上司が強権的で、多少なりとも異説を述べれば、立場を失ったり、左遷されたりする状況にあれば、「追従」せざるを得ないであろう。あるいは、自分の経験と知識に照らしてどう考えても、参画したプロジェクトの意義や目的がわからなければ、そのプロジェクトの会議に出席しても、その態度に「懐疑」的なところが表れるであろう。この状況を超えるのは容易ではない。

しかし、ビッグデータと計測は、この状況を変える可能性がある。この大量のデータから導かれた「会話における双方向率と収益との関係」が社会で広く知られるようになったとしよう。加えて、社内の会話が計測されて会話を行った当事者に鏡を見るようにフィードバックされるようになると、人の行動に大きな変化が起きるだろう。

前記した強権的な上司は、双方向率の計測値が極端に低いはずだ。収益性と会話の双方向性の相関が広く知られており、自分の「会話の双方向性」のデータが極端に低いとなれば、自分の行動を変えざるを得まい。

どうすれば、会話の双方向率は高まるだろうか。これには、すでに知見が見つかりつつある。直接的には、ここで紹介したように、会話の双方向率が重要であるという認識を組織のメンバーで共有することである。なぜ「追従」や「懐疑」ではいけないか、またともすれば「追従」や「懐疑」に陥るのはなぜかを理解してもらうことである。

しかし、これだけでは不十分である。私の体験を語らせていただきたい。私の職場では、自分の会話の双方向率が、相手ごとに数値で常に確認できるようになっている。それを見ると、私の部下の一人との双方向率がいつも低い。他の人との双方向率に比べて、明確に低いのである。会話のときに、気をつけてみたが、一向に改善しない。単に相手の性格の違いかとも思った。しかし、それは大きな原因ではなかった。真の原因はより深いところにあった。

実は、会話の双方向率が高まるのに重要なのは、真剣に両者が交わりあうことが必要な挑戦的な目標が設定されていることなのである。そうでなければ、腹を割った双方向の議論の必然性は生まれないのだ。

私の例でも双方向率の低い部下との間には、挑戦的な目標が共有されていなかった。単なる表面的な会話の形を改善しようと思ってはいけなかったのである。会話の質は、その両者が挑戦しているかを示す鏡でもあるのだ。私は、これに気づいて、この部下の仕事に、互いに共有できるより挑戦的な目標を設定して関わるようにした。結果は、すぐに表れた。この部下との会話の「双方向率」は、急上昇したのである。また、定量的な計測が強力な道具であることは、ここでも実証された。

双方向の会話は、メンバーが双方向率の高い会話の重要性の認識を共有することにより高まる。しかし、根本的には、双方向率の向上そのものは目的でなく、むしろ双方向率は我々の仕事への、そして人生への「挑戦性」を映す鏡、指標になっていると考えた方がいい。会話の双方向率を見て、関係者が挑戦的な仕事をしているかを確かめることができるということだ。そのような挑戦の度合いが、企業の収益に強く相関するのは、納得いくことである。

これまで、社員の人財力を高める施策は、会社の人事部門が行ってきた。たとえば、「管理者教育」や「コミュニケーション研修」や「早期選抜」などである。しかし、これらの施策が現実のミクロな社員行動にどの程度影響を与えているかはわからなかった。計測する手段もなかった。ましてや、これがマクロな会社業績と関係しているかは、誰にもわからなかった。

我々の新しい計測技術を使えば、ミクロな社員間のコミュニケーションの計測結果を、会社全体で毎日記録し分析することができる。同時に、これまでも管理してきたさまざまなマクロな指標（収益、受注率、顧客満足度、従業員満足度など）とミクロ指標を合わせれば、会社業績に直結するために、どのような優先度でコミュニケーションを行うのがよいのかが明確になる。そのようなシステムを構築することも可能である。

コミュニケーションにはコストがかかる。有限な時間という貴重な資源をどのような配分でどの相手とのコミュニケーションに費やすかは、これまで個人の経験と勘に任されてきた。継続的にコミュニケーションと業績との関係を計測し分析するシステムにより、もっとも業績に効果のあるコミュニケーションを、そのときの状況に合わせて実行することが可能となる。

その意味で、ウエアラブルセンサとその分析技術は、人や組織にとって、新時代の「鏡」となるのではないかと期待している。つまり、個人が自分の状態を、組織が組織自身の状態を見ることができる鏡だ。これは会話の質、自分や会社の「運」といった、これまで見ることができなかったものに、まじめに向き合うためのツールなのだ。ここ数十年に合理的・論理的な思考などがもてはやされるのとともに失われていった、「運」とまじめに向き合う態度を、この鏡を通して復活すべきときがきているのかもしれない。

「運も実力のうち」から「運こそ実力そのもの」へ

人の運命に関するもっとも包括的でかつ最初の書が『易』という古代中国の古典である。『易』にはこういう意味の言葉がある。

君子は、微《かす》かを知るがゆえに顕《あきら》かを知る
（リーダーは目に見えにくいものを知覚し、表に見えるものの意味を知る）

人間や社会のことは、我々は一見見えている気がしているが、実は、見えていないことが多い。それを見るためには、表に見えない変化のパターンや構造を見ぬく知恵が必要だと古典の著者は説く（『易』のこの部分の著者が誰かについては諸説ある。しかし、歴史的には1000年以上にわたり孔子の作とされてきた。過去の人たちが信じたように過去を今思い出すことが本来の歴史に向き合う態度だという小林秀雄やクロチェにならい、ここでも孔子の作として理解したい）。そして、それができるのが真のリーダー（君子）だと孔子はいう。これは、2000年以上前から今も変わらぬ普遍の真理だ。

ここで紹介した新しい科学とテクノロジーは、表には見えにくい「人と人とのつながり」や「身体運動」のなかに運を左右する要因があることを教える。それを鏡のように見て次なる行動に促すものである。

「運も実力のうち」という言葉がある。本章で述べてきたことを振り返ると、むしろ、「運こそ実力そのもの」だ。

運という確率に支配されることが人生にも仕事にも存在する。これは誰にも否定できない。むしろ運の要素がなく、機械的にできることは、一般には付加価値の低いことだ。それらは、今や、コンピュータが処理するか、低コストの新興国で行うのが経済的になった。我々が日本で担うべき仕事は、ほぼすべて運をいかに制御するかが成否を決める。

野球の打者は、常に自らの運と向き合っている。どんなに強打者でも、3回のうち2回は打ち取られる。しかし、繰り返し打席に立つなかで、その実力は、「打率」という確率数値のなかにはっきりと表れる。野球の世界では「運こそ実力そのもの」は常識だ。そして、その確率を1厘でも高めるために鍛錬を続ける。イチローは、毎日の食事から、球場へ向かう階段をどちらの足から上がるかまでを、この確率を高めるために制御する。

スコットランドの作家・医者であるサミュエル・スマイルズは著書『自助論（西国立志編）』（1859年）のなかで「天は自ら助くるものを助く」と書き、福沢諭吉の『学問のすすめ』（1872年）とともに、明治の日本人に大きな影響を与えた。ここで「天」という言葉は、運をつかさどっている大きなものを表しているだろう。本章で述べてきた、自ら求めることを得る確率は、自らの努力によって制御すべき、という考え方は、決して新しくない。

日本の現在の大企業の多くが、このスマイルズの影響を受け、『易』をはじめとした儒教の学問を教育された明治の世代が創業したものだ。

前述のように「日本資本主義の父」とも呼ばれる渋沢栄一の『論語と算盤』（1916年）は、企業の経営と公益をいかにして調和させられるかを説くとともに、避けられない偶然と向き合い、自らの努力で「運」を拓く姿勢が説かれている。

私の勤めている日立の技術の礎を創った馬場粂夫《くめお》博士は、「学問に二ツあり、一ツは人の学問で、一ツは物の学問である。（中略）人の心と物の働きとで其の全体で社会の全現象は出来ている」（『易の新研究』1960年）と説いた。幼いころから儒教を学んだ馬場は、変化へ向き合う原理原則を説く『易』を会社経営に活かすべきという信念にいたった。変化をマネジするには、人と物の両者の統合が必要であるという発想から、確率をゼロにすることはむずかしい製品事故について、発生時には人と物の両面から事象を究明して学ぶ制度を日立に構築した。これをミレーの有名な絵にちなんで「落ち穂拾い」と名付けている。この「落ち穂拾い」は、長年にわたり信頼性の高い日立製品の実現を支えてきた。運を正面から捉え、それを40万人の組織行動のDNAとして制度に埋め込んだのだ。

これらの見えない運に真剣に向き合う態度は、残念ながらここ数十年に日本企業から失われていったのではないだろうか。今や運という言葉は、通俗的な占いなどで、根拠のない歪んだものとして理解されがちである。その結果、日本の組織は重くなり、儲からなくなっているといえるのではないか。

しかし、運の科学的な研究から希望が見えてきた。運を見えるようにし、運を高める新技術が、人生と経営を抜本的に変える道を拓きつつある。

第5章

経済を動かす新しい「見えざる手」

社会を科学できるか

一見、我々の自由意思と選択で決まっているように思われている1日の行動や優先順位が、実は、科学的法則の制約に支配されていることを明らかにした。新たに取得できるようになった大量データが、我々の目を啓いてくれた。

新しいデータが科学のブレークスルーを可能にするのは、ビッグバンや遺伝子の解明など、科学の歴史に繰り返し起きてきたことだ。しかし、一見、どろどろした主観や感情に支配されていると思われている人間行動に、これまでモノの性質を説明してきた美しい物理法則や数理が働いているのは驚くべきことだろう。

これを経済活動に拡げるのが本章の目的である。企業業績を科学的に理解し、制御することはできないだろうか。

「買う」ということは科学的によくわかっていない

経済活動の基本は、私たちが「ものを買う」という行為である。

「ものを買う」ことにより、パン屋はパンを作ることに集中できる。パンを作るためには、材料となる小麦粉やバターが要る上に、自分や家族が生きるための無数の生活必需品も必要だ。これをパン屋は、購買によって手に入れることができる。パンと引き替えに貨幣を得て、この貨幣と引き替えに小麦粉や生活必需品を得る。パン屋の知らないところで小麦を作っている農家の成果を、この過程で、パンという形で広く社会に分配することになる。

しかも、このパン屋と農家の協力関係を実現するのに、互いに知り合いであることも、信頼関係を持っている必要もない。宗教が異なっていようが、思想が互いに相容れなかろうが関係ない。多様で異質な人々の成果が、購買により互いに結びついて社会に分配されていく。

さらに、パン屋はパン作りに、農家は小麦作りに集中することにより、それぞれが、その能力や生産性や品質を高めることができる。よりよい資源を無駄なく生み出し、それを社会中に広く分配するための基本要素が「ものを買う」ということだ。

これほど重要な「ものを買う」という行為が、実は科学的にはよくわかっていない、というと意外かもしれない。

あなたは、今日家族で郊外のショッピングモールに車でいくとしよう。買い物を終えて、モールから帰るときに、何にいくら使っているだろうか。それは何によって決まり、いつ決定されるのだろうか。

しかし、よく考えてみるとこれは極めて複雑な問題だ。あなたがこの一連の買い物のはじめから終わりまでに関わる人の数や種類、物品の数や種類、そして情報の数や種類、そして、これらに影響を受けて行った行動の数々を考えてみてほしい。膨大である。そのどれが、購買に影響を与え、あるいは影響を与えていないかなど知ることはできない。本人だってわかるわけはない。今日買ったものの理由を聞けば人はもっともらしく説明するだろう。しかし、このような意識に残ったことは所詮後付けの理屈であることがほとんどだ。

経済活動を科学的に解明するにはどうしたらいいか

購買のような人間行動を理解しようとするとき、我々は、普通、その人が内部に持っている動機や意識、心に動かされて、その人の行動が生じたと考える。経済学もこの立場で構築されてきた。経済学においては、人の購買行動は、人の内側にある価値の基準（これは「効用関数」と呼ばれる）で決まるとされてきた。複数の選択肢があるときに、効用が高まるような行動が選択されると考えるわけである。

最近では、脳の活動部位が計測できる。これを活用し、心や意識を、脳という物質とそこで起きるニューロンの発火や脳内物質（ドーパミンなど）の分泌という生理現象で置き換えて説明されることが増えている。しかしこれも、その人のうちにある何かに原因を求める点では、従来の効用関数による理解と似ているところがある。

しかし、私は、身体運動をウエアラブルセンサで測定する研究を進めるうちに、これらのアプローチに違和感を持ちはじめた。それは、これまで人類が、複雑な自然現象を理解してきた研究方法と、人間の内面に原因を求める研究方法が根本的に異なっていると気づいたからだ。

発想のきっかけは、「人」を「原子」に対応させ、「社会現象」を「自然現象」に対応させるアナロジーである。第１章で示したように、人間行動は、原子のエネルギー分布と同じ式に従う。この対応関係は、偶然ではなく、どちらも資源を、構成要素間で繰り返しやりとりすることに起因する。その特別な場合が原子のエネルギーであり、行動の象徴としての腕の動きの回数なのだ。

この対応関係に沿って、自然現象を解明してきた理論を振り返ってみよう。

これまで自然現象は、原子と、まわりの原子集団とが相互作用する複合システムとして理解されてきた。たとえば、水蒸気がある温度以下で液体になり（凝集）、金属がある温度以下で電気抵抗がゼロになる（超電導）のはどう理解されてきただろうか。これらの現象は、水や金属を構成する水素や銅の原子の性質をいくら詳しく調べても説明できない。物質を構成する原子が、そのまわりの原子に影響を与え、同時に、まわりの原子集団が作る「場」（電磁場など）から、着目する原子は影響を受ける。これらの原子とそのまわりとの双方向の相互作用により、これらの自然現象は理解されてきたのである。

この科学のアプローチは、人間行動を人間の内なる「動機」や「効用関数」や「脳活動」から説明しようとするアプローチとは、違うものに見える。これらを否定するわけではないが、まわりとの相互作用がより大事なのではないかと考えるようになったのだ。

自然現象の解明で成功してきたアプローチを社会現象に適用するとすればどうなるだろう。社会を構成する一人一人の人間が、まわりの人や物に影響を与え、同時に、その人のまわりの人や物が作る「場」が、着目する人の振る舞いを制約したり動かしたりした結果が、人の行動である、ということになる。

人の行動は、この「人」と「コンテキスト（文脈）」（ここではまわりの人や物といった環境を指す）との相互作用から生まれる。着目する人だけを分離したり、コンテキストだけを分離したりせず、両者の「複合システム」として捉える必要があるのではないか。

このような考え方は、すでに近年、人の発達や教育などを理解するのに、取り入れられており、DST（＝Dynamic Systems Theory：動的システム理論）[1]と呼ばれている。DSTの根拠としては、同じ人でも、異なる状況（コンテキスト）では、異なる能力や行動を示すことがあげられる。たとえば、子供が、先生の前では解けた問題が、親の前では解けなくなる場合があることが現実に確認されている。人の能力も行動も、コンテキストによりさまざまに変化するのである。

この研究のアプローチを、定量的に遂行するために開発したのが、人の行動の計測に加え、その「コンテキストを計測できる」世界初の技術である。これを使って購買のような社会の経済現象全体を丸ごと計測し、科学的に解析することが可能となった。

購買行動の全容を計測するシステム

ここで、私のグループで開発した社会・経済現象の計測技術を紹介しよう。

この技術は、実際の店舗での購買というプロセス全体を丸ごと計測するものだ。具体的な現場として、あるホームセンタの協力を得て、店舗における顧客や従業員の動きなどを計測しデータ収集を行った。その結果を解析して売り場にフィードバックすることで、売上の大幅向上という威力を発揮しはじめている。

計測に用いたのが、ウエアラブルな名札型のセンサである。

この名札型センサとは、前に述べたのと同じもので、名刺サイズで首に紐でぶら下げるようになっており（83ページ、図2－1）、33gと軽量である。センサをつけた人どうしが、約2～3m以内で面会すると、赤外線で自分を識別するIDデータを発信すると同時に、相手のIDデータを受信する。そのときの時刻情報（タイムスタンプ）とともに、両者が互いに対面していた事実がセンサに組み込まれたメモリに記録されるのだ。このセンサを装着している人どうしでは、誰といつ対面していたかがわかる（第2〜4章参照）。本実験では、従業員や店長だけでなく、顧客の協力も得てこのウエアラブルセンサを装着してもらった。これにより顧客と従業員との接客、従業員どうしの相談、店長による従業員の指導などの記録をとることができた。

さらに、センサを装着している顧客や従業員の店内の位置もわかるようにした。位置情報を取得する技術としては、カーナビや携帯電話に組み込まれているGPS（Global Positioning System）が有名である。しかし、衛星との通信が必要なGPSは屋内では使用できない。

これに対して、本技術は店舗などの屋内で詳細な位置情報が取得できる。具体的には、商品棚などに赤外線による場所情報の発信器（ビーコン）を2〜3mおきに設置した。このビーコンは、赤外線を使って、設置場所の識別番号（ID番号）をまわりに発信する。この赤外線のシグナルが届くのは、2〜3m程度である。このため、ビーコンの2〜3m以内に名札型センサを装着した顧客や社員が来ると、名札型センサは場所のID番号を受け取る。これをタイムスタンプとともにメモリに記憶することにより、顧客や社員の場所と時間が記録される。赤外線は、電波とは異なり、障害物に遮られると届かない。このために、2〜3m以内であっても、棚の裏側の人が誤って検出されることはない。ホームセンタにおける実験では、約1000坪の店舗に

500個ビーコンを設置し位置情報をとった。この技術により、顧客や店員が店内をどう移動したか（動線）の情報を収集することができる。通路の両側に対向している商品棚のどちらを顧客が向いているかという細かい情報まで取得可能である（口絵6）。

この名札型センサは、さらに内蔵の加速度センサにより顧客や従業員の体の動きを検出できる。前に述べたように、人間行動の分析に加速度情報は威力を発揮する。センサの揺れのパターンから、ユーザーの歩行を検出でき、さらに、その人の積極性を表す「活発度」、会話時の相手とのやりとりのパターンである「双方向率」（会話における自分から相手への発信と相手からこちらへの発信のキャッチボールのダイナミックな記録）などを定量化できる（第2〜4章参照）。加速度センサは、20ミリ秒ごとに（1秒間に50回）x、y、zの3軸の加速度データをサンプリングして記録する。この詳細な動きのデータにより、名札型センサの微妙な揺れや名札の角度を分析できる。

以上をまとめると、このセンサにより、顧客がどこに、どれだけの時間滞在し、どの店員といつどこで会話し、その会話でどんなパターンのやりとりが発生したか（ただし、会話の内容は記録されない）という情報が丸ごと収集できる。

さらに、社員側では、それぞれの従業員が、いつどこの売り場にいたのか、バックヤードで入荷作業をしていたのか、さらに、従業員どうしでいつ誰と誰との間にどんなパターンのやりとりがあったのかなどが収集される。

また、マネジメント的な観点では、店長や副店長が、いつ誰とコミュニケーションをとり、いつどこで現場の作業を行っていたかということが収集される。さらに、顧客および店員行動における動きや会話の活発度なども収集される。

実際の実験の際には、入り口でランダムにサンプリングした顧客に、この名札型センサの装着をお願いした。店舗内の実態調査の目的を説明し、店舗で買い物をしている間、名札型センサを装着してもらうことをお願いした。

レジでの購買記録（ＰＯＳデータ）、業務シフトや店舗のレイアウトデータ（どこが何売り場かなどの情報）と合わせることにより、従来得ることのできなかった店舗での購買行動と業務オペレーションに関する網羅的なデータの収集が可能になったのである。

重要なことは、この技術を使うことによって、顧客が入店してから退店するまでの行動とそのまわりのコンテキスト（商品・棚・通路・従業員）との相互作用が計測されることである。言い換えると、人の購買行動に関わる、人と「コンテキスト」との複合系の経済現象を定量的に計測できたのである。

コンピュータvs人間、売上向上で対決！

この大量データの取得自体は、購買現象の理解にむけて、大きな前進である。しかしデータを集めただけで喜ぶことはできない。データは大量かつ多様であり、人間がその全貌を見るのはとうてい不可能である。このため、このような大量データに潜む意味をくみ取り、業績向上要因を発見するために、新しいビッグデータ専用のコンピュータの開発も同時に我々は進めてきた。このコンピュータ（人工知能ソフトウエア）を「Hitachi Online Learning Machine for Elastic Society」と呼び、以下「H」と略記する。具体的な実験結果を紹介しよう[2]。

我々はまず10日間だけこの店舗でこの計測システムを運用し予備的データを取得、この計測データをHに分析させた。そして、1ヶ月後にこの店舗の売上をどこまで向上できるかを、人間の専門家とHとの間で競ってもらった。ゴールは、来店した顧客が店内で使う金額（この平均値を「顧客単価」と呼ぶ）を向上させることである。

流通業界で実績のある二人の専門家にはチームで売上向上策を練ってもらった。長年の経験を持っている会社幹部にインタビューを行ったり、店長や店舗改善の担当者にヒアリングしたりするとともに、事前データも参考にした。その結果、水道用品やLED電球などの注力すべき商品群を決め、この店内広告を設置したり、棚の配置を改善したりした。

一方、人工知能Hは、入力した大量のデータを、一旦、小さな要素にばらばらに分解し、これをさまざまな組み合わせで再度合成することにより、業績向上に影響する可能性のある膨大な数の要因群を自動的に生成した。具体的には、6000個の業績要因を自動で生成し、業績との統計的な相関関係のチェックをコンピュータが網羅的に行った。このときに、流通業界の常識や仮説は使わず、純粋にデータだけを使った。

この結果、顧客単価に影響がある、意外な業績要因を人工知能Hは提示した。それは、店内のある特定の場所に従業員がいることであった。この場所を「高感度スポット」と呼ぼう。この高感度スポットに、従業員がたった10秒滞在時間を増やすごとに、そのときに店内にいる顧客の購買金額が平均145円も向上するということをHは定量的に示唆したのだ。これに従い、実験の際には従業員にできるだけその高感度スポットに滞在してもらうように依頼することにした。

1ヶ月後に、この店舗を再度計測し、データを収集した。劇的な結果が出た。人間の専門家の実施した対策は、店舗の売上にも、顧客の行動にもほとんど影響を与えていないことが明らかになった。我々の計測技術により、詳細な顧客や店員の行動データをとれるので、施策が効果を生んでいないことも定量的に把握できたのである。

一方、人工知能Hの成果はどうなったのか。Hが指摘した高感度スポットに、従業員になるべく多くの時間いてもらうよう依頼したことにより、従業員の滞在時間が1・7倍に増加した。そしてその結果、店全体の顧客単価が15%も向上したのである。この顧客単価15%増というのは、劇的な業績効果である。顧客単価が15%増えるということは、売上が15％増えるということだが、利益はどうだろうか。増えた売上分に対応する商品の仕入れの原価を差し引かなければならない。仕入れの原価を売上から差し引くと、営業利益率は5％ポイントも増える。日本の流通業界の上位における、営業利益率は5％程度だ。したがって、営業利益率が5％ポイントも増えれば、利益の倍増に相当するのである。

おもしろいのは、高感度スポットに従業員が滞在することと顧客単価の上昇を結びつける機序が自明ではなく、うまく言葉で説明するのがそう簡単ではないということだ。その場所に従業員がいることで客の店内での流れが変わり、それまで人通りの少なかった単価の高い商品の棚での客の滞在時間が増えたことが寄与しているし、エビデンスもある。しかし、そのように客の流れを変えるために、問題の商品棚から遠く離れた場所が「高感度スポット」として選ばれたのがなぜなのかは（実際かなり離れている）、直観的にはわからない。また、後に述べるようにその高感度スポットに従業員がいることにより、従業員や客の身体運動の「活発度」も向上したのだが、そのことを説明するのはさらにむずかしい。このように、実験によって事実が確認された後でも、それがなぜなのかを直観的には説明できないような売上向上要素を、予め人間が仮説として立てることは不可能である。人間には決して立てられない仮説を立てる能力が、人工知能Hにはあるのである。

自ら学習するマシンが威力を発揮する時代

この大量データから業績向上策を導いた画期的なHの技術を紹介しよう。

従来のコンピュータの処理は、人が処理したい機能をコンピュータプログラムとして記載・入力し、これからデータを出力するのが基本だ。コンピュータプログラムは、機能や動作のモデルを表しているので、この従来の情報処理は「入力したモデルからデータを生成する」ものと呼べるだろう。

これまでの情報処理は、主に人間の作業を置き換えて効率化するために用いられてきた。人間の作業をモデル化すれば、それまで人が時間とコストをかけて行ってきたことを、コンピュータで自動出力できる。たとえば、従来人が何日もかけて計算していた、会社における社員の給与計算や全国の店舗の売上の集計をコンピュータが行えるようになった。

一般に、情報処理は「演繹と帰納」に分類される。これまでの情報処理は、このうち「演繹」を行ってきたといえよう。演繹の定義を改めてひも解くと、「一般的・普遍的な前提から、より個別的・特殊的な結論を得る推論方法」（ウィキペディア）をいう。

これまでの情報処理では、人間が、コンピュータプログラムの作成を通じて「一般的・普遍的な前提」を記述し、それからデータという「個別的・特殊的な結論」を得る。これは、すでに前提や一般法則がわかっている問題については威力を発揮するものの、その前提が成り立たないことについては無力だ。現状のコンピュータはまさにこの演繹的な処理については圧倒的な能力を示すものの、逆にもう一つの帰納的な処理についてては非力なのである。

今、ビッグデータの活用に求められているのは、むしろ「帰納」的な能力であり、これは従来、コンピュータが不得意だったものだ。帰納とは、「個別的・特殊的な事例から一般的・普遍的な規則・法則を見出そうとする」（ウィキペディア）ものである。今、世の中にある意味のはっきりしない大量のデータを入力して、このデータの背後にあるパターンや法則性を明らかにすることが求められている。これは平たくいうと「自ら学習するマシン」を創ることに相当する。

ここでは、入力するのがデータであり、出力するのがそのデータから学習した法則性である。いわば「入力したデータからそのもととなるモデルを逆生成する」ことが求められているのである。これができると、店舗の例では、大量のデータから、店の売上を増やすのにもっとも有効な原理を見つけることができた。

マイクロソフト社の創業者であるウイリアム・ヘンリー・ビル・ゲイツ三世氏は、２００４年に「自ら学習するマシンを生み出すことには、マイクロソフト社10社分の価値がある」と述べている（日本経済新聞、２０１４年３月４日）。一方で、それだけのインパクトを持つ技術であることを認識しつつも、今から10年前にはその実現にはまだ距離があったことをうかがわせる発言である。

今や、我々の自ら学習する人工知能Hは、これを現実のものとした。

このような演繹と帰納の両者を備え、大量のデータから常に学ぶ新たなコンピュータは、複雑な問題解決や状況判断、経営判断に威力を発揮する。

人による仮説検証型分析はビッグデータに通用しない

大量のデータを、コンピュータを使って分析する技術（これは「アナリティクス」と呼ばれ注目されている）は、長年研究されてきた。これとここで紹介した「学習するマシン」とは何が違うのだろう。

従来、データの分析（アナリティクス）は、演繹の得意なコンピュータを使って分析者が行ってきた。このような分析のできる専門家は「データサイエンティスト」と呼ばれ、現在もっとも注目される新たな職種の一つと期待されている。

しかし、そこには大きな問題があった。データ分析は、本来「帰納的」な仕事である。しかし、その「帰納的」な仕事に、「演繹用」に作られたコンピュータを使わざるを得ない。このギャップを埋めるために、データ分析では、人が適切な「仮説」を設定しなければいけないのだ。実際に、人は適切な仮説を設定できるだろうか。

今回店舗の実態を見てみよう。データは、顧客、店員、棚、商品、時間、行動など大量、多様である。データの属性の選択肢がありすぎて、仮説をどうやってつくったらよいのかわからない。膨大なデータにどんな現象や法則性が含まれているかは人間には想像しようがない。

実は、仮説などつくりようがないのである。それでも無理を承知で人が仮説をつくろうとすると、関係者が簡単に想定できることやすでに知られていることになってしまう。本件で専門家が行ったように、関係者へのインタビューやこれまでの経験と勘から仮説をつくらざるを得ない。それをデータで検証するという手順にならざるを得ない。

さらに、この分析者による仮説検証方式には、膨大な労力がかかる。仮説を作ろうとすると、関係者のヒアリングや現場の調査などを行う必要もある。これらも含めると、経験的には、分析のためのもととなるデータを整理するところまでに分析作業の90%以上がかかる。その先にコンピュータを活用するにしても、9割以上が人手作業と試行錯誤の連続である。

これは、職人による手工業に近い。これまでのビッグデータの分析現場を見ていると、家内制手工業の職人の工房に舞い戻ったような錯覚を覚える。一見、最先端のハイテクの職業と思われている「アナリティクス」「データサイエンティスト」は実は、親方と弟子の勘と経験によるまったく手工業の世界なのだ。大事なところ、労力がかかるところは工業化もコンピュータ化もされていないのである。

これだけ人手をかけても、事前の仮説に沿って分析を行うと、「当たり前」の結果しか出ないことが多い。これではコストパフォーマンスが悪すぎる。

ここで行っているのは歴史的には科学者が行ってきた仕事そのものである。科学者の仕事とは、観測データの背後にある法則性を見出すという仕事だ。これまでの科学の歴史を振り返ってみれば、アイザック・ニュートン、ルートヴィッヒ・ボルツマン、アルバート・アインシュタイン、エルヴィン・シュレディンガーなど限られた天才が行った仕事である。そして、そのような発見はめったに起きるものではなかった。この状況は、ビッグデータが入手できたとしても、従来の手工業的な手法で行っている限り大きくは変わらない。

自ら学習するマシンである人工知能Hは、この「アナリティクス」を不要にすることができる。

学習するマシンが人の「過去に学ぶ能力」を増幅する

ビッグデータが科学的根拠のある形で、その威力を発揮するには、アイザック・ニュートンなどの天才の仕事をコンピュータが代わりに行う必要がある。もちろん天才のひらめき自体を模倣したり置き換えたりすることは簡単ではない。

ここで「鳥のように空を飛ぶ」という人類の夢は、「飛行機」という「鳥」とは似つかないものにより実現されたことを思い出そう。人工知能の議論では「人間の知能そのものを人工的に再現しなければいけない」という強硬な態度をとる人と、「最初は鳥を夢見て出発し、結果として飛行機を創っても、知的な問題解決に役に立つモノができればそれでよい」という柔軟な考え方がある。私はどちらかというと後者である。

「学習するマシン」により、大量のデータからコンピュータが学習できるようになった。その学習できる量やスピードは人間をはるかにしのぐ。飛行機が鳥をはるかにしのぐスピードで大陸間を移動できるのと同じだ。これにより、大量のデータから、マシンが天才をしのぐような発見をできるようになったのである。

同様なことは、将棋の世界でも起きている。「電王戦」と呼ばれるコンピュータと棋士との戦いで、コンピュータソフトが一流のプロ棋士をしのぐ力を持つようになった（このような挑戦に挑む関係者、特に、先の見えない戦いに現在果敢に挑戦するプロ棋士の雄姿には大きな感動を覚える。心から拍手を送りたい）。

ここで重要なのは、コンピュータは過去の大量の棋譜から学んで急速に力をつけたことだ。一見、「コンピュータ」と「人間」の戦いのように見えるが、実は、「過去の人類の英知全体から学ぶ」ことをシステマティックに行うアプローチと、「自らの体験から学ぶ」従来型のアプローチとの戦いで前者が勝利するようになったともいえるわけだ。

興味深いのは、最近では、コンピュータによる打ち手からプロ棋士が学びはじめていることである。人間はそこからさらに新たな能力を身につけるかもしれない。

前述したようにHが見つけてきた売上向上策を、単純にこれまでの店舗運営の常識で理解するのはむずかしかった。しかし、こういう経験を何度かしているうちに、人間は学びはじめる。したがってHは、むしろ人間の学習を加速するマシンと考えるべきだ。

コンピュータに大量データから学習する能力を実現し、業務や経営の判断を的確に、科学的に行うことができないだろうか、という考え方で開発したのが人工知能Hである。

「H（Hitachi Online Learning Machine for Elastic Society）」という名前は、19世紀のスコットランドの推理小説家コナン・ドイルのシャーロック・ホームズ（HOLMES）の頭文字にちなんでいる。シャーロック・ホームズは、『緋色の研究』において初対面のワトソンのわずかな特徴を捉え、過去の従軍歴などを言い当てる。証拠と状況から犯人や犯罪を逆推定する。「H」は、同様にデータからそれを生み出した処理やモデルを逆推定するわけだ。シャーロック・ホームズはいう。

「ぼくの場合、まったく先入観を持たず、事実の示すまま素直に進んでゆきます」

「最も重要なのは、数多くの事実の中から、どれが付随的な事柄でどれが重大な事柄なのかを見分ける能力です。これができないと、精力と注意力は浪費されるばかりで、集中させることができません。」（『ライゲイトの地主』日暮雅通訳、光文社）

我々の人工知能Ｈが目指すのもこれだ。

これを実現するために人工知能Ｈは、従来のコンピュータにはない特徴を備えている。それは、入力された多様なデータを互いに掛け合わせて、業績に影響のある要因の候補を自動で大量に創り出す仕組みである。業績に関係する要因の候補はたくさんある。特にさまざまな要因が絡み合った複合要因を考慮しようとするとその組み合わせは膨大なものとなる。

通常、向上したい目的変数のデータは、１日の店舗の売上（日販と呼ばれる）などのマクロな情報なのに対し、それを説明するビッグデータの方は、細かい時刻ごと、顧客ごと、店員ごと、場所ごとのミクロなもので業績との直接の関係性が一見薄いデータである。この間の大きなギャップを埋めることができるのが「H」の特徴である。このミクロとマクロとのギャップを埋める独自技術（特許出願済）を「跳躍学習」（Leap Learning）と呼んでいる。

この跳躍学習の利点を説明したい。たとえば、店の売上向上に有効な要因を検討するとしよう。店の売上が、店舗の面積に依存する（広い店の方が売上が大きくなる）ことは容易に予測できる。これを分析するのも容易である。店ごとの売上とそれを説明する店ごとの面積とが「粒度」がそろっている（データが一対一に対応する）からだ。このため、両者を表にして、表計算ソフトで回帰分析をすれば、店が1坪分だけ広くなると売上がどれだけ増えるかが予測できる。これは、業績も店舗面積も粒度のそろったマクロな量（店舗という単位に一つずつデータがある）だから簡単に分析できるわけだ。

しかし、今回、Hが見つけてきたように、よりミクロな業績要因を見つけようとすると話は違う。どんな顧客に対して、店舗のどこで、どんな時間帯に、どの従業員が接客するともっとも効果的かを特定しようとすると、これら条件の組み合わせは膨大である。Hは、この多様な業績要因をデータから効果的に探すエンジンを備えている。これは、従来のデータサイエンティストによる分析では不可能なことだ。

このマクロな業績とミクロなデータとの粒度の大きなギャップ（一方の一つのデー

タを説明するのにもう一方のデータを多数組み合わせる必要がある）をどうやって埋めるかが、ビッグデータを活用する際の最大の課題だった。しかし、従来のデータ分析技術（これは統計学や多変量解析や機械学習と呼ばれる）には、このようなミクロとマクロの両者のギャップを埋めて、その背後に潜むモデルを出力できるようなものは私の知る限りない。

我々は10年前にビッグデータに関する研究をはじめた直後から、このミクロとマクロの間をどう埋めるのかという壁に直面した。いろいろなビッグデータの活用の仕事に関わったが、どれもこのミクロとマクロとの両方を扱うという構造は同じだ。どこかにすでにこの壁を突破する技術があるのではないかと考えた。具体的には、統計学や多変量解析や機械学習などの既存技術のなかにこれを解決する技術があるのではないかと探した。

しかし結局そのような技術はなかった。それはおそらく、これらの学問分野がビッグデータ出現以前に、対象とする問題を一旦固めてしまったためだと思われる。たとえば、多変量解析は、心理学のアンケートや臨床医学の投薬効果で広く用いられている。ここでは、人という統一された粒度でのデータを取り扱えばよかった。このため、マクロとミクロのギャップを扱う必要がなかった。機械学習は、画像識別（画像からの顔の識別など）で活用されている。しかしここでも、画像ごとという統一的な粒度で取り扱うことができた。いずれも現実のビッグデータのミクロとマクロの粒度の異なるデータを扱うことはなかった。

ビッグデータの出現で、この10年にミクロとマクロの粒度の異なるデータを取り扱うことが必要になっているが、この新しい問題にはこれまで正面から取り組まれていなかったのだ。そこで自分たちでゼロからビッグデータの分析技術自体を開発することとした。それが学習するマシン、Hである。

人工知能には3つの分類がある

機械が学習するという意味では、世の中で研究開発されている人工知能は、いずれも何らかの形で学習を行う。ただし、目指している方向の違いから、人工知能は3種類に分類される。それは「運転判断型」「質問応答型」「パターン識別型」の3種類である。

このうち、ビッグデータのアナリティクスを不要にする学習するマシン、Hは、「運転判断型」である。具体的には、本書で紹介したように店舗やコールセンタの生産性を高めたり、鉄道や水プラントなどの社会インフラの運転コストを下げたり、顧客へのマーケティングの判断を支援したりする。最近急速に力をつけている将棋や囲碁のソフトウエアも、この運転判断型の人工知能に分類される。

「運転判断型」の原理的な特徴は、現実世界をミクロな要素の「あつまり（＝集団）」として理解するところである。これは、19世紀の後半に、オーストリアの物理学者であるルートヴィッヒ・ボルツマンがとったアプローチを発展させたものである（巻末注1）。

この分野が最近急速に発達したのは、過去100年にわたって先人が構築してきた統計力学の体系や技法に負うところが大きい。しかも、データが大量に集まるにつれ、この統計力学の技法はますます威力を発揮している。

著者は、この「運転判断型」のインパクトの大きさに着目し、人工知能Hの開発に取り組んできた。

参考までに、他の2分類についても、簡単に説明しよう。

多くの人の「人工知能」のイメージにもっとも近いのが、「質問応答型」という第2の分類である。質問応答型は、人の問いかけに、言葉で答えるもので、現状でその代表はＧｏｏｇｌｅ社に代表されるウェブの検索システムである。さらに最近では、ＩＢＭ社が、「ワトソン（Watson）」と呼ばれる質問応答型の人工知能を開発し、クイズ番組に出演させて人間のクイズ王を破ったことで話題となった。質問応答型では、直接の判断結果を出力するのではなく、人の質問に関連した情報や知識を提供する。それを使って具体的な判断を行うのは、人間の仕事になる。第3の分類が「パターン識別型」の人工知能である。「パターン識別型」では、画像や音声などのデータをコンピュータで識別する。その結果、たとえば、写真のなかに写っている人を特定したり、人が話した言葉を認識したりする。この分野もデータ量の増大と、コンピュータの高速化に加え、機械学習技術の高度化により、急速に発展している。たとえば、スマートフォンに搭載されている音声認識ソフトやデジタルカメラに搭載されている顔認識のソフトなどがこれにあたる。

これまで、人工知能や機械学習の分野では、「質問応答型」と「パターン識別型」の研究が盛んな割に、「運転判断型」の研究は相対的に少なかった。ビッグデータが注目されるなかで、今後「運転判断型」の急速な発展が期待される。

ビッグデータで儲ける3原則

私の研究グループでは、このようなビッグデータから価値を引き出すための研究を、「ビッグデータ」などという言葉がなかった、10年前から行ってきた。この構想は世の中より7、8年は先行していたと思う。

ここまで読まれてきた方は、順調に結果が出ている印象を持たれたかもしれないが、実際は、うまくいかないことの連続であった。しかし、世の中に先行してうまくいかない経験をしたのは、必ずしも無駄ではなかった。いや、むしろ、そこに先行研究の意味があると思う。そこで、うまくいかなかったことに学び、やり方を変え、そのための技術を開発し、適用方法を工夫してきた結果、ここで紹介しているように成果が出はじめたわけだ。

この10年の研究で明らかになったビッグデータを活用するためのポイントは3か条の原則にまとめられる。実は、これに反することを実行して我々は痛い目にあってきたのだが、この原則に沿って進めるようになってうまくいくようになったのだ。「ビッグデータで儲けるための3原則」は、以下のものである[3]。

第1の原則　向上すべき業績（アウトカム）を明確にする
第2の原則　向上すべき業績に関係するデータをヒトモノカネに広く収集する
第3の原則　仮説に頼らず、コンピュータに業績向上策をデータから逆推定させる

前記の店舗の事例では、はじめからこの3原則を意識して進めた。このなかでは、もっとも重要でありながら、これまで守られなかった第3の原則から説明しよう。

この第3の原則は、短くいうと「コンピュータに仮説を作らせる」ということだ。これが守られないのは、現状、データ分析に関しては「人が仮説を作って、コンピュ

ータとデータを使ってそれを検証するものである」という思い込みが広まっているからだ。

仮説を作ってそれを検証することは、問題解決のための正しい手順である。しかし、ビッグデータが存在する問題では、その仮説を作るのは人ではない。コンピュータが仮説を作ることにこそビッグデータの価値があるのだ。人が仮説を作るという、固定観念を捨てる必要がある。

これは繰り返しになるが、大量のデータの全貌を人間が理解することは不可能だ。全貌どころか、その概要すら把握できないのがビッグデータの特徴なのだ。その状態で、人がつくった仮説とは、必然的に、大量データの恩恵を受けていない（無視した）経験と勘に頼ったものになってしまう。多種大量のデータがある問題については、仮説はコンピュータにつくらせる時代になっているのだ。

人が仮説をつくるべき、という圧力は強い。ビッグデータのプロジェクトに人を割り当てて、何かを動かそうとすると、なにがしかの費用が発生する。その費用の決裁権限は、通常ビッグデータを活用しようとする当事者にはない。そうすると、決裁権限のある会社幹部に説明が必要になる。そこで、仮説がないと決裁がおりない場合が多い。これからは、この3原則を会社の意思決定者にも普及させ、正しい検討が行われるようにしたいと考えている。

ただ無理もない。これまでは、この第３の原則のために必要な、学習するマシンがなかったのだ。今、学習するマシン、Ｈの登場が、この状況を変える。

第１原則と第２原則は、この第３原則を適用するための前提を述べている。第１原則は、向上すべき業績（アウトカム）を、明確にすることである。特に、業績というからには、企業の場合には財務的な利益に直結することが重要である。

この第１原則は当たり前だと思うかもしれない。しかし実際には、守られないことが多い。というより、我々は、守らないで痛い目にあってきた。ビッグデータの案件では、こんなに大量のデータがあるので、何かに使えないだろうか、というようなきっかけではじまることが多い。それ自体は、きっかけとしてはよい。

しかし、向上すべき業績が想定できないとしたら、それは失敗する。仕事の目標が立てられないからだ。これは、誰でもわかりそうなものだが、案外守られないのは、データを見はじめて、それを一部可視化すると、目新しさがあり新鮮だからである。案外おもしろいので、顧客も興味を持ってくれる。したがって、データを見えるようにするだけでも顧客に価値があるように勘違いするのだ。しかし、財務的な業績に結びつかないものは、最終的な価値にならないと冷静に考えた方がよい、というのがこの第１原則である。

仮に第１原則が守られても、第２の原則を守るのはさらにむずかしい。多くの場合、自分が簡単に手に入るデータだけで何かできないかと考える。アウトカムに関係ありそうなものを広く集める、という発想にはならない。

これには、具体的には、二つ大きな関門がある。まず、人に頼んでデータを使わせてもらうのには、明確な理由が必要だと考えてしまう。使わせてもらったからには、成果を期待されると思うと、もらうデータは、論理的に説明できる必要最小限にしておくべき、と考えてしまうのだ。これが第2原則の実現を阻む関門である。こういう発想になると、仮説の設定が必要だ、という議論が必ず出てくる（この結果、第3原則からはずれることになる）。しかし、データのなかに何が潜んでいるのかわからないのに、わかったような仮説や成果の公算をいってデータをもらうのは無理がある。堂々と「仮説はデータからコンピュータに創らせましょう」と公言できるようにしたい。

さらに、業績には、ヒトモノカネのすべてが関係しているが、多くの場合、情報システムにたまったデータだけでは、モノとカネのデータはたくさんあっても、ヒトのデータが不足している。しかし、この事実を無視して進めると結局成果が出ない。人に関するデータが重要なのは、顧客と従業員の行動が業績に強く影響しているからだ。

営利活動は、4層の構造からなっている。まず第1層が、向上すべき「財務」の層である。財務は業績を直接反映する。第2層が、「需要」の層である。需要とは、顧客のニーズや購買行動を指すが、お金を払う主体は顧客だから「需要」が第1層の財務に強く影響するのは当然である。第3層が「業務」の層である。需要あるいは顧客のニーズに応えるのが業務である。この成否が需要に影響を与えるのも当然である。そして、第4層が「設備と投資」の層である。業務の生産性や規模や品質を決めるのは、より中長期的な設備や人材への投資である。インフラの整備や人の育成などがこの層に対応する。

この4層構造では、どこにもヒトモノカネの要素が関わるが、特に第2の「需要」と第3の「業務」の層で人の行動が決定的な影響を与える。よって、この需要や業務における人の情報をきちんと取り込んだ分析をする必要があるが、これが実行されないことが多い。

すでに人のデータを取得する方法は、世の中にはある。多少の費用はかかるが、必要なデータはきちんととるべきだ。中途半端なデータだけで走りはじめて貴重な労力と時間を無駄にすることを思えば、きちんと人のデータも取得して分析した方が、むしろ安上がりだ。人間行動データの計測や解析も有料サービスとして提供されている（株式会社日立ハイテクノロジーズが「ヒューマンビッグデータクラウド」という名前でサービスを提供している）。これらを利用して、ヒトモノカネをそろえることが重要だ。

学習するマシンはあらゆる社会の問題解決へ応用できる

この3原則と「学習するマシン」は幅広い問題に適用できる。たとえば、コールセンタの業績をアウトカムとして、業務ログや担当者の行動データを幅広く集め、「学習するマシン」に入力するシステムを構築する。この事例は第2章で紹介した。

さらに、学校や教育機関における成績や教育効果をアウトカムとし、テストの結果の推移や生徒の進学先や生徒や先生の授業内外の行動データを入力する。これにより、生徒、先生、授業を含めた仮想的な学校モデルをコンピュータ上に構築することができる。限られた資源のなかで学校の教育効果を最大化するアクションを構築できる。

視野をさらに大きくし、都市の経済振興や交通渋滞の緩和をアウトカムとして、都市全体のさまざまな挙動データを幅広く収集する。たとえば、住民の協力が得られれば携帯電話の位置情報や加速度センサ情報などに加え、経済統計のデータや交通情報などを活用することが可能だ。これを「学習するマシン」に入力すれば、仮想的な都市モデルをコンピュータ上に自動で構築できる。これにより、限られた予算や資源を有効に使い、都市を成長・発展させる方法をデータにもとづき見出すことができる。

究極的に視野を大きくして、地球全体の問題解決を考えよう。たとえば地球環境問題の解決やグローバルな経済成長、さらに、国際紛争の解決などをアウトカムにしよう。このために地球上にある多様なデータを収集し、「学習するマシン」に入力することを考えよう。あらゆるデータを入力するとすれば、超大規模なコンピュータとストレージが必要になる。しかし、これが仮に可能であるとすれば、地球全体のモデルをコンピュータ上に構築できる。これらの地球規模の複雑な問題に関するモデルをコンピュータ上に構築でき、これらの解決に向けた知見が得られるだろう。

人間と仕事は機械と共進化していく

この「学習するマシン」の登場は、社会におけるサービスとそのなかでの人間の役割を大きく変えると予想される。

歴史を振り返れば、20世紀の経済発展の原動力となったのが、米国の技術者であり経営学者でもある、フレデリック・ウインスロー・テイラー（1856～1915年）の「科学的管理法」である。テイラーは、鉄鋼所においてショベル作業を徹底的に研究した。そこでテイラーが行ったのは、仕事をプロセス（あるいは動作）に分解することである。そして、それぞれのプロセスを見れば、無駄な作業やより短時間に改善できる作業を発見できる。その結果、あるべきプロセスを標準化し、それをマニュアル化して徹底する。このようにすれば、一見、熟練したベテランにしかできないように見えた仕事も、経験の浅い作業者でもある程度の品質で行うことが可能になる。

このテイラーの科学的管理法は、後に「インダストリアル・エンジニアリング」とも呼び方を変え、20世紀に幅広い業務に展開されていった。あらゆる業務やサービスにおいて、業務をプロセスに分解して標準化し、無駄を省くことが幅広く行われてきた。

20世紀の後半には、これをさらに徹底する手段として、コンピュータが活用された。コンピュータは、プログラムにより処理手順を書けば、手順通りに大量のデータを処理し、出力することができた。まずは、経理処理で活用され、さらにこれが、企業のあらゆる活動に拡大し、受注、調達、製造、在庫、出荷、人事などのあらゆる業務プロセスの把握にコンピュータが活用されるようになった。ここでもテイラーの考え方に沿って、業務をプロセスに分解し、かつ標準化し、その標準プロセスごとの状態や動きをコンピュータが記録し、管理するようになった。

一旦できたコンピュータのソフトウエアは、人間のように柔軟に融通を利かせることはできないことを逆手にとって、コンピュータを使って、標準化された業務プロセスを組織全体に徹底するとともに、従来その管理に費やしていた膨大な間接費（人件費）を低減することができた。

重要なのは、仕事のやり方における革新が、新たなマシン（コンピュータ）の登場を可能にし、さらにマシンが仕事の実行を支援していく形で、両者が相互に発展し、社会を豊かにしたことである。

ドラッカーによれば、テイラー以降、肉体労働の生産性は、平均して年率3・5%の割合で伸び、20世紀の終わりには、五〇倍に向上したという。これが「二〇世紀における経済と社会の発展のすべての基礎となった」上に、「今日われわれが先進国経済と呼ぶものを生み出した」（『明日を支配するもの』上田惇生訳、ダイヤモンド社）。

このテイラーの考えに沿って、ベストプラクティスを共有し、能力を高めた人を「ヒューマン2・0」と呼ぼう。その最大の特徴は、人を「標準化」した点にある。これに対し、これ以前の、分業によって「専門化」を進めた形態を「ヒューマン1・0」と呼ぼう（図5－1）。これはアダム・スミスによって描かれたワーカーの特徴であった。

現在の企業情報システムは、この第2世代（ヒューマン2・0）の仕事を支援する仕組みとして発展してきた。しかし、そろそろ投資対効果が限界に近づいている。それがここで提唱する、第3世代のマシン／情報システムが登場する背景にある。

前記のようにテイラーの仕事を高く評価したのがドラッカーならば、その限界を正確に指摘したのもドラッカーだった。残念ながら、多くのサービスにおいて、業務のプロセスを標準化し、マニュアルを整備しても、生産性向上は限定的であったのだ。

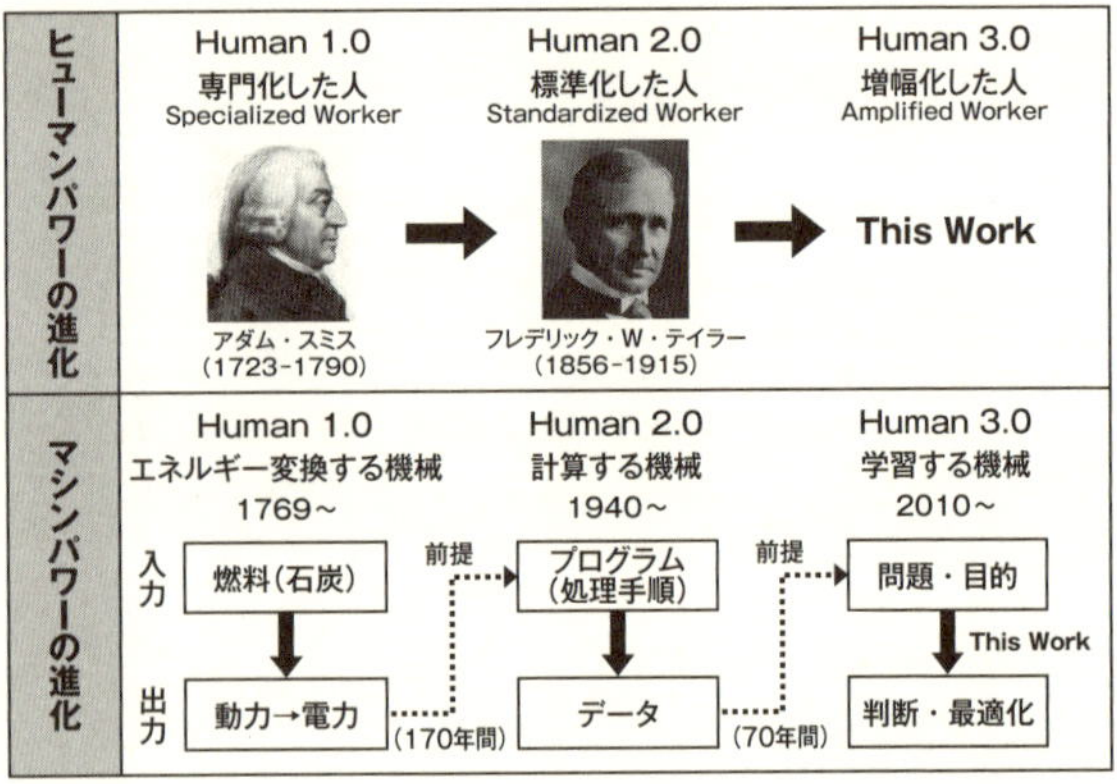

図5−1　ヒューマンパワー（人間力）とマシンパワー（機械力）の共進化による生産性向上。分業によって道具をつくり専門を深めた人間（第1世代）は、優れた人のノウハウを共有し学び（第2世代）、時空を超えてあらゆる現実に直接自律的に学ぶことで自分の能力を増幅する（第3世代）。

たとえば、看護師やデパートの販売員の生産性はマニュアルだけでは向上できない。看護師は患者を見るという本来の業務に加え、書類を書き、関係者との打ち合わせや調整をしなければいけない。デパートの販売員の場合も、顧客に商品を勧め、関心を持ってもらうという本来の業務に加え、書類を書き、在庫を調べ、配送状況に気を配ることを求められる。常に変動する多様な状況のなかで、これらの優先度や時間配分を判断することはマニュアル化できず、看護師や販売員本人が判断するしかない。

この意味で、看護師や販売員は、マニュアルワーカーではなく、ナレッジワーカー（知識労働者）なのだとドラッカーは説いた。そもそも、ナレッジワーカーという言葉を創ったのがドラッカーである（ナレッジワーカーの意味をホワイトカラーと狭く捉えている議論を時折見かけるが、本家のドラッカーはナレッジワーカーをもっと広い対象のために使っており、看護師や販売員や自動車の整備工をナレッジワーカーの例としてあげている）。そして今や先進国の仕事の多くが、サービス産業となり、その業務は知識労働になりつつある。

ナレッジワーカーにおいては、重要なのは、仕事の目的やゴールを設定することである。なぜなら、目的を決めてこそ、多様で変動する状況において、柔軟に的確な判断が可能になるからだ。変化にどう向き合うかが、企業の盛衰を決める。これをドラッカーは「われわれは変化が不可避であることを知っている。まさに変化をもたらすことこそ企業の主たる機能の一つである」（『現代の経営』上田惇生訳、ダイヤモンド社）と表現した。

基本的に、企業の変化への柔軟な適応力は、人の能力を磨くことによって向上することができる。ドラッカーの著作においてこれが説かれている。特に、ナレッジワーカー自身が、結果への責任を負い、「自律的に継続して学習すること」の重要性が繰り返し論じられている。

今登場する「学習するマシン」とこれを活用した情報システムは、この人間の学習能力を強力に補完し、増幅することになる。これにより、生産性の向上が期待される。これを第3世代、ヒューマン3・0と呼ぼう。その特徴は人間の能力の「増幅化」である（図5－1）。ヒューマン2・0での「標準化」に、ERP（統合業務ソフトウェアパッケージ）のようなコンピュータが活用されたのと同様に、第3世代、ヒューマン3・0では、「学習するマシン」が、人には到底見切れない大量のデータから継続的に人が学ぶことを支援する。これにより、人の経験だけでは、不可能な的確な判断を行うことができる。しかも、従来の業務マニュアルでは記述しきれないような柔軟な判断を行うことができ、ビジネスの状況（商流や需給の状況他）が変わっても、変化に適応できる。従来人が、一度うまくいったやり方を、状況が変わっても続けてしまいがちなのとは対照的だ。

従来、業務の標準化やマニュアル化が、業務を高めるための「あるべき姿」であるという考え方が定着し、顧客や従業員が、決められたマニュアルや機械に合わせてきた。しかし、業務プロセスを標準化し、これをコンピュータで徹底してきたものの、変化や多様な状況に対応すべき多くのサービス業務では実はうまくいかなかった。いやむしろ、妨げとなる懸念すらあった。

この第3世代の仕事では、機械やプロセスに人間が合わせるのではなく、機械やコンピュータが人間に合わせる。環境変化の中で、自律して判断し結果に責任を負うそれぞれの人を支援する。

今後、コンピュータは、自らデータから学習し、本書で述べた人間の身体・社会的な法則性や制約も理解するものに発展する。このような学習するマシンで武装された知識労働やサービスでは、常にデータによって歴史と最新状況から学び、変化に柔軟に適応し、変化を能動的に生み出すことができる。ドラッカーが目指していた知識労働の理想形が実現される可能性がある。

人間のやるべきこと、やるべきでないこと

コンピュータがそこまでやるようになったら、人間の仕事はなくなるのではないかと思われる方もいるかもしれない。そんなことはない。人間にしかできないところが3つ残る。

第1に、学習するマシンは、問題を設定することはできない。あくまでも、与えられた問題に関して、データを活用して的確な情報と判断を提供するだけである。人間は、解くべき問題を明らかにし、学習するマシンを活用して得られた判断を実行することが求められる。

第2に、学習するマシンは、目的が定量化可能で、これに関わるデータがすでに大量にある問題にしか適用できない。しかし、我々は未知の状況であっても、前に進む

ことが求められる。目指すところがあいまいだったり定性的だったり、過去のデータがない状況でも、霧のなかを進むように前進することが求められる。このような状況で意思決定するのは人間の仕事である。

第3に、学習するマシンは、結果に責任をとらない。そしてこの責任をとることこそ、人間に固有の能力である。第1、第2の制約を考慮して、学習するマシンを活用すべきかどうかを判断し、かつ学習するマシンを活用する問題については、解くべき問題を定義し、適切なデータをマシンに提供するのは人間の仕事である。そして学習するマシンを使ったとしても、使わなかったとしても、結果の責任をとるのは常に人間である。責任が人間に帰することと、仕事や技術がより人間中心のものとなることとは、表裏一体である。

今後、学習するマシンが得意な仕事は、人から機械への移行が急速に進むであろう。機械への移行が進むのは、与えられた問題（ただし、ゴールが定量化可能で、これに関わるデータが大量にある問題）に対して、その解き方を考案したり、その上で判断したりする仕事である。代表は、ソフトウエアの処理手順（アルゴリズム）を考える仕事である。これまで、これは高度に知的な仕事の一つと考えられてきたが、今後は、むしろ「学習するマシン」が過去の大量データからアルゴリズムを自動生成することが当たり前の時代が来よう。

将棋ソフトにおいても、以前は、将棋の定石をアルゴリズムとして人が組み込むアプローチがとられていた。しかし、最近では、これを過去のデータからの機械学習で置き換えるようになった。これにより将棋ソフトの実力は躍進した。

まったく同じことが、音声認識や画像認識の開発でもすでに起きている。これまで長年、人の音声の韻律や音節の成り立ちなどを地道に研究し、それをアルゴリズムに組み込むことで、音声や画像の認識率はすこしずつ改善されてきた。それに膨大な数の優秀な研究者が従事してきた。まさに高度に知的な仕事と考えられてきた。しかし、この3年ほどの間に、データからの機械学習方式（特にこのようなパターン識別問題に関しては、深層学習（ディープラーニング）と呼ばれる方法）が一気に人によるアルゴリズムを認識率で凌駕するようになった。その結果、そのような人間によるアルゴリズム開発は、機械に置き換えられはじめている。

このような仕事をこれまでやってきた人は、できるだけ早く問題を作る側の仕事に軸足を移すべきであろう。機械に適した仕事にとどまり続けるリスクは大きい。

このように、学習するコンピュータの登場により、人間がやるべきこととやるべきでないことが大きく変わる。これは人間と機械との新しい協調関係が生まれる過程と考えるべきだ。学習するマシンに適切な問題を与えることで、人間の問題解決能力は飛躍的に向上する。これを活かすことのできる人あるいは組織と、そうでない人・組織との違いは大きくなっていくだろう。

新たな「見えざる手」が世界に新たな「富」をもたらす

この大量のデータと進化した学習するマシンがもたらすのは、利益だけではない。この3原則に沿って、「儲け」を追求するとき、見えないところで、社会に「共感」や「ハピネス」がもたらされる効果があるのだ。

具体的に、先の店舗における購買を例に説明しよう。この店舗では、売上を向上するという目的を決めて、大量のデータを入力し、自ら学習する人工知能、Hに業績向上のモデルを逆推定させた。その結果をもとに高感度スポットでの店員の配置を増やして、結果として売上が15％も向上した。

この会社が店員の配置の変更を行ったのは利益の向上のためだ。しかし、この配置変更がもたらしたのは、実は、売上向上だけではなかった。社員や顧客の活発度（基準値を超える激しさの身体運動をしている時間の比率）を高めることになったのだ。第2章などでも述べたように、活発度が上がることは、ハピネスの向上や積極性と強い相関を持つ。詳しく調べてみると、売上の向上は身体活動の活発化を通して従業員の積極性や顧客の活発度が上がったことにより、もたらされたと考えられるのである。

データを見てみると、配置変更によって客の店内での流れが変わったためと思われるが、接客時間が全般に増えたことがわかった。しかし、興味深いのは、顧客が接客された時間の長短は、その顧客自身の購買金額には直接相関していない（統計的に有意な相関がない）ことだ。ところが、店内で自分以外のまわりの人たちが接客を受けている場面が多くなると、それを見た顧客の購買金額が増える効果をもたらすのだ。接客は、顧客に知りたい情報を与えるという直接の効果より、ほかの顧客と従業員が活発にやりとりしているのを見ることで賑わいを感じるという間接的な効果の方が、売上に大きな影響があるということになる。実際に、加速度センサで計測した従業員の接客時の活発度が向上している。その結果、それを見た顧客の滞在時間も長くなり、購買金額が向上している。データから見ると、店内の接客頻度が10％向上するだけで顧客単価が92円向上し、接客時の顧客の活発度が10％向上するだけで、顧客単価が68円も向上することが示されている。

第2章で紹介したように、人との共感や行動の積極性は、人の「幸せ」を決めるものである。共感できたり、積極的だったりすると、その先に幸せが得られやすい、というのではない。共感できたり積極的に行動できたりすること自体が、人のハピネスの正体なのだ。したがって、ビッグデータを使って儲けを実現すると、見えないところで人との「共感」や「積極性」や「ハピネス」が得られたことになる。

これは店舗でだけ見られる現象ではない。第2章で紹介したように、コールセンタで電話による営業業務を行っているところでも、やはり売上を向上するための要因をデータから特定して改善すると、従業員の共感や積極性やハピネスが高まった。しかも、従来業績とは関係がないと思われていた、休憩時の従業員の活発度が10%向上すると、受注率が13%も向上した。業績を高める施策は、従業員のハピネスを高める施策だった。

資本主義の黎明期、18世紀スコットランドの道徳哲学の教授であるアダム・スミスは、自由な経済の特徴を「見えざる手」という言葉で表現した。これは、個人が自分の経済的利益を追求することで、富が社会に自律的に分配され、社会全体が豊かになるという考え方だ。

同じようなことが、ビッグデータを活用した第3世代のヒューマン3・0にも起こると考えられる。つまり、大量のデータを活用して自己の利益を追求するとき、前記の古典的な「見えざる手」を超える、新たな「データの見えざる手」の導きが生まれるのだ。ビッグデータを使って自己の利益を追求すればするほど、見えないところで、「データの見えざる手」により社会に豊かさが生み出される。これにより、人の「共感」や「ハピネス」など、これまで経済価値とは直接関係なかったことが経済価値と結びつく。

これは、大量データとコンピュータが、さまざまな要因間の複雑な依存関係の全体を見渡しているからこそ可能になった結びつきだ。むしろコンピュータの方が、人間よりも人間に配慮した答えを出してきているのが印象的だ。人間のように自分の限られた経験を過信して偏見を持つこともない。これまでとかく対立するものと考えられがちだった「経済性の追求」と「人間らしい充実感の追求」であるが、データとコンピュータが両者を結びつけたのだ。

実は、アダム・スミスは、『国富論』と『道徳感情論』という二つの本を書いている。前者は経済的な豊かさの本質を、後者は人間らしい生き方の意味を説く。そして、この両著は合わせて一つの理論を作っている。経済性の追求と人間らしさというのは両者が協調しあってうまくいく体系であることがスミスの主張だった。しかし、スミス以降、このうち、経済性のみを限られたデータにもとづいて追求することが普及した結果、人間らしさの追求が置き去りにされた。そもそも、スミスがいいたかったのは、経済性と人間性とは、相反するものではなく、互いに関係しあうことだった。このスミスの考えが、いよいよ大量データと知的なコンピュータの出現により可能になったのである。

第6章

社会と人生の科学がもたらすもの

瀬戸内海・直島で未来を描く

本書では、人や社会の定量的なデータを収集・活用することで、科学技術が社会や人生をも対象とした新たな地平を開きつつあることを紹介してきた。従来「理系」の仕事として狭く捉えられてきた科学技術が、より広い社会的な意味を持ちはじめているのだ。

大量データとともに産声をあげたこの新しい科学は、今後どこにいき、社会や我々の人生に何をもたらすのであろうか。我々はこの新しい可能性を活用し、どんな新しい社会を創ったらよいのだろうか。

この問いに正解があるわけではない。むしろ、その答えは我々が今後創るべきものだろう。しかし、そのためには科学、技術、産業、社会などの幅広い知恵を結集する必要がある。黙っていてはそのような機会はない。これを超えるために、いつもは接点のない幅広い専門家を敢えて集め、今後超えていくべきグランドチャレンジを議論する場を企画した。

2010年3月6日。瀬戸内海の小島、直島に、ほとんどが初対面どうしの32名が集合していた。直島は、アートの島として開発されており、安藤忠雄氏設計のコンクリート打ちっ放しの建築物の内外で、奇妙な形のオブジェや、砂でできたアメリカ国旗が、蟻の巣によって虫食いになっている姿が目に飛び込んでくる。

実は、32名は、先端技術、人間科学、ビジネスの最前線にいる超一流の日本のキーパーソンばかりである。著者が、オーガナイザーとして、招集した各会の論客たちが2泊3日の合宿に集合したのだ。

会場に到着して、お昼のお弁当を食べる。初対面ばかりなので雰囲気は硬い。なにしろ分野がそれぞれ異なるため、普段の接点がないだけでなく、使っている言葉さえ違っている。ところが「ワールドカフェ」（4人程度の小グループでの対話をメンバーの組み合わせを変えながら繰り返す対話の手法）などを用いることで、次第に未来のビジョンが言葉になりはじめる。専門分野が違いすぎて基本的な用語さえ共有できなかった人たちが、知を融合しはじめる。従来の技術やビジネスからの発想を超えて、未来からの発想での議論は連日深夜に及んだ。2日後、挑むべき21世紀の課題がグランドチャレンジ「直島宣言」として言葉になった[1]。

社会を対象とした科学の急速な進歩

この直島におけるワークショップの背後にある大きな流れをまず展望したい。

それは科学技術と社会との関係が変わりはじめているということだ。従来は「科学→技術→社会実装（サービス化）」という、いわゆる「リニアモデル」が一般的だった。この流れでは、基礎研究で科学的な発見がなされても、それが社会に活かされるには10年以上の歳月が必要なのが普通だ。

時間の問題だけではない、科学と技術と社会実装に関与する人がそれぞれまったく違うコミュニティにいて、相互に断絶しているのが実情である。互いの知恵が相互に融合する機会はなかなかない。

ところが今新たな状況が生まれつつある。私のまわりでは、社会のさまざまなサービスの現場で収集されたデータを活用することで、社会を科学的に理解することが可能になり、一方でこの科学的な理解が、次の新たなサービスを可能にするという好循環が回りはじめているのだ。本書では、この事例を紹介してきた。本書の内容はリニアモデルからはまったくはずれたもので、科学としての確立と技術開発、社会実装が同時並行で進むという、新しいモデルを提示するものとなっていると思う。

そのようなことが可能になってきたのはなぜなのか。ます、データ収集とデータからの科学的発見はいずれも自動化されているため、実装にいたるまでのサイクルは速い。従来の科学においては、大学の研究室で1~3年がかりで（大学院生が博士号を取得するサイクルに相当）ひと仕事行うのに対し、桁違いの速さである。日次、週次のサイクルで回る。

さらに今後についていえば、従来なら研究者だけが行うことができた「サイエンス」が、万人に開放されていくことになるだろう。たとえば大量の実データと人工知能があれば、店舗の責任者が、データを使ってどうやって業績を向上させればよいのかを自分で見出せる。

この状況は、誰もが検索サイトやウィキペディアなどを使うようになって、知識へのアクセスが飛躍的に向上したことをさらに発展させるものだ。このスピード向上も重要だが、現場で具体的な問題を持つ人が、具体的問題を解くためにデータを活用し、すぐに問題に適用されることがより重要であろう。

今後、世界中の現場で日々蓄積されるデータを使って、人工知能と対話しながら、問題を科学的に高速に解決していくことが可能になると期待される。

サービスと科学を融合させる、データの指数関数的拡大

直島でのワークショップの背景にあるもう一つの流れは、データ蓄積ペースの増大である。今後、技術の進化により、コンピュータはますます小さくなっていく。このことは、実世界をセンシングする密度・規模を上昇させ、データを蓄積し、活用する能力を拡大する可能性を拓く。

これは、技術科学とサービス（企業によるサービスも公共サービスも含む）の融合を必然的に加速する。科学技術とサービスが対等に連携して、イノベーションを生み

出す時代が今後到来するのではないだろうか。これを「サービスと科学の融合」と呼ぶ。

「サービスと科学の融合」により、サービスは科学の進歩のために、そして、科学はサービスの進歩のために、両者はともに進化・発展すると期待される。

このサービスと科学との「共進化」の鍵になるのが、大量の実世界データの蓄積・増大である。ネットの世界のSNSでのつながりや、ウェブサイトのリンク関係のような情報はこれまでも収集されてきたが、これから重要なのはリアルな世界、実世界のデータだ。実世界のデータは、コンピュータのデータベースに単に格納されているのではなく、日々成長する。本書で扱ってきたウエアラブルセンサの例では、実世界データの規模が指数関数的に拡大し、これまでおよそ1年に4倍のペースで増大してきた。

このようにデータ規模が拡大するのは、データ収集を行う対象の規模が拡大するからであるが、これは同時に、この新サービスの価値を増幅する。

データ規模が拡大するとセンシング技術やデータ収集技術の発展を促し、これらのシステムや運用のコストが下がり、これによってデータ収集規模がさらに拡大する。社会的な認知度も向上する。収集したデータが役立ちはじめると、データ収集や蓄積の価値を理解する人の数も増えてくる。これにより、またデータ収集に対し、ポジティブなフィードバックがかかる。

このように、サービスの拡大と科学技術の発展とがデータを共有しつつ共進化するのである。これを「データ指数拡大の法則」と呼ぼう。これまで技術進歩をドライブしてきた「法則」としては、集積回路の集積度が18ヶ月ごとに2倍になる「ムーアの法則」が有名である。ムーアの法則は、コンピュータの心臓部となるマイクロチップ（集積回路）の性能やコストが、年々、指数関数的に向上することを説いてきた。しかし、今では、マイクロチップというハードウエアだけを見るのは一面的だ。むしろこれからは、社会のいたるところに配備されたコンピュータが収集し、蓄積する実社会のデータに注目すべきであろう。

社会活動から蓄積されるデータは、年率3〜4倍という急速なペースで増加する。「データ指数拡大の法則」はムーアの法則が、この50年、社会や経済の発展に果たしてきた役割を、発展的に代替するのではないだろうか。

ムーアの法則は、産業界（半導体業界、装置業界、材料業界、コンピュータ業界、ソフトウエア業界、金融業界）やアカデミアが、将来の見通しを共有し、未来志向で協創することを可能としてきた。これによりこの50年、技術主導での社会発展の指導原理となってきた。

ここで提唱した「データの指数拡大の法則」は、従来、ムーアの法則がカバーしていた産業界を超え、幅広い社会の人たちが未来志向で協創する基盤となる可能性がある。

集まってくるデータの規模は、社会に実動しているデータ収集用の集積システムの「規模と能力」を表すものと読みなおすことができる。すなわち、ムーアの法則により1チップ上に集積されることで実現したデバイスが、さらに社会規模でどれほど多く使われているかを集計したものと見ることができる。ムーアの法則は、トランジスタのサイズが原子レベルになると終焉を迎える（それがいつかは諸説あるが、早ければ10年〜20年後であろう）。一方で、このデータの指数拡大の法則は、その後も継続する。チップを超えた、社会における技術の高度化の全体像を表す法則になる可能性がある。

グランドチャレンジ「直島宣言」

この大量のデータを活用し、「サービスと科学の融合」によって、どんな社会を目指したらよいか。このビジョンを描くには、サービス、科学、技術の三者が密接に協力しあうことが必要である。ところが、この三者には会話の機会がないのが実情だ。そこで、この3つの世界から一流の方々を集めて、上記の新しい動きを、加速しようというのが、冒頭の直島でのワークショップを企てた動機である。

幸いにして一流の方々の参加を得て、２０１０年3月6日から8日までの丸２日で開催した（「サービス・ビジネス科学と新技術」として、電子情報通信学会の主催）。ワールドカフェ等を活用し、議論を深めていった結果、今後、この三者が協力して解決する5分類／10個のグランドチャレンジをまとめ、「直島宣言（Naoshima Manifesto）」と名付けた。

最終章となる本章では、大量データとそれを用いた科学技術が拓く未来を展望する「直島宣言」を以下に紹介したい。

直島宣言

NM1　感じあう

コンピュータの未来像としては、これまでマーク・ワイザーの提唱した「ユビキタス」という概念[2]、すなわち「生活の隅々にコンピュータが溶け込むこと」がたびたび想定されてきた。しかし、これだけでは、コンピュータが人の持つ潜在力を引き出すのに不十分ではないだろうか。

むしろ今後は、人々の「熱意」や「共感」などの、人間の行動をドライブする要因をコンピュータが理解し、これを奨励する技術が必要となろう。これを直島宣言では総称して「アフェクティブ」と呼ぶ。[3]

NM1・1 アフェクティブ・サービス

まず、人々の熱意や共感を高めるサービス（これを「アフェクティブ・サービス」と呼びたい）が重要になってくると予想する。

従来のサービスでは、人の作業を技術が代替し「人を楽にすること」が価値だった。大量のデータを活用した「アフェクティブ・サービス」では、これを超え「人々の潜在力の発揮」を支援する。これには、従来の単なる「便利さ」を超え、「生きる意味」「信念」「夢」までを理解し、その実現を支援するサービスへの深化が求められよう。そのためには大量データにもとづく定量的な人間科学が重要な要素になる。

NM1・2 アフェクティブ・テクノロジー

この「アフェクティブ・サービス」を可能にする技術基盤が「アフェクティブ・テクノロジー」である。これは、共感、熱意、ハピネスを、コンピュータが理解し、数値化し、計測、記録、分析、通信、共有する技術である。この「アフェクティブ・テクノロジー」の実現には、エレクトロニクスから、通信、情報処理までの幅広い新技術を確立する必要がある。大量のデータを活用し、人々の状況を理解し、社会の関心や関係性を可視化し、定量化する技術の実現を目指したい。

このなかでも人の究極の目的である「ハピネス」を定量化するテクノロジーは、もっとも基本的な技術となろう。

NM2　力を合わせる

20世紀は世界規模での通信ネットワークが構築され、秒刻みの競争が激化した時代だった。この競争激化の一方で、伝統的な価値の多くが時代遅れなものとして軽んじられてきた。人々が協力し、尊敬しあい、助け合うという価値もそれに含まれるのではないだろうか。しかしこれらは今後、大量のデータの活用により、新たな形で復権するのではないか。21世紀の新技術は、これら忘れられたものをむしろ強化するものになるだろう。

NM2・1　柔軟な組織

未来は予測できない。したがって、予測困難な未来に向けて、組織が対応力を持つことが社会にとって重要なのだ。この実現に向けて、大量データの活用を期待したい。不定形でしたたか（ロバスト）な自律的組織を大量のデータを用いて実現できないだろうか。

20世紀初頭には、多くの活動が個人や家族で行われていた。100年後、ほとんどの社会活動が組織で行われるようになった。組織は社会の基本単位となった。しかし、現在の企業が基盤としている階層型の組織は、硬直的になりやすく環境変化に弱いことがしばしば指摘される。環境変化のなかで、複雑だが重要な問題にフォーカスを保ち続けることはむずかしい[4]。多様な構成員の力を発揮させつつ、全体の目的へ調和をとる21世紀の組織システムを実現したい。

このためには、我々が組織運営の上で当たり前だと思っていたことの見なおしも必要だ。たとえば、我々は組織の上下での連携を行う常識として「ホウレンソウ（報告、連絡、相談）」が重要だと教わった。しかし、今後はこれに加え、「マツタケ（巻き込み、つながり、助け合い）」が必要になるという指摘があった。目指すのは、個と全体とを統合して共通の視点が持てる組織であろうか。大量のデータが、組織の科学と工学への道を拓く可能性がある。

NM2・2　組織のヘルスケア

多様な人々が、民族、年齢、性別、文化、能力の違いを超えて、グローバルに協力しあうことの重要性は今後ますます高まる。しかし、組織における問題発生のリスクも同時に高まる。そこで、身体の異常に対しさまざまな検査装置と客観的なデータが活用されているように、組織における問題を、データを活用することで、科学的に予防、診断、処方し、また、メンバーが自ら管理できるシステムが実現できないだろうか。組織やコミュニティの健康状態を保つシステムにより多様な人が継続的に協力しあうことはできないだろうか。このチャレンジを「組織のヘルスケア」と呼ぼう。大量のデータから導かれた科学的な原則とフィードバックにより、対立を超え、多様な人々の協創を目指したい。

NM2・3　新終身雇用システム

労働や雇用の形態にも大量のデータ活用の可能性は広がる。データ活用がもたらすもっとも大きな可能性は、一律の硬直的なルールやマニュアル管理の限界を超えることである。事実を忠実に反映したデータをうまく活用すれば、実情に柔軟に合わせた働き方が実現できないだろうか。

特に、社会において、硬直的なルールを超えるという意味でインパクトが大きいのは、定年制という一律の管理を超えることであろう。

分野は異なるが、産業用のタービンなどの装置では、これまでの定期的な部品交換という硬直的なルールに代わり、実際の稼働条件や使用環境に関する大量のデータを根拠に部品交換の頻度を柔軟に変えることで、資産を有効活用し、コストを下げる取り組みがはじまっている。

社会における人財の交代（社会システムにおける一種の部品交換とも見なせる）に関しても、より柔軟な仕組みはできないであろうか。究極的には、元気で能力と意欲のある人は、一生働くことを可能にする仕組みを目指すべきであろう。すなわち、新しい形の終身雇用の可能性を探してみたい。

従来、労働は、お金を稼ぐための手段と捉えられてきた。したがって、仕事の負荷を下げ、金銭的報酬を上げることが労働者のためと考えられてきた。しかし、多くの科学的な研究が、仕事は充実感の源であり、仕事の挑戦こそが最高の報酬であることを示している。伊能忠敬や葛飾北斎の例を見ても、挑戦に年齢は関係ない。古い制度を超え、21世紀の「知識労働」「サービス」「イノベーション」にふさわしい雇用、就労の枠組みの構築にデータを活かす道を拓きたい。

NM3　守り育てる

科学技術が進んだ現代にあっても、社会には災害、事故、テロ、紛争、景気変動などの脅威が絶えない。大量のデータとこれによる科学は、この脅威に科学的に対抗するインフラに発展する可能性がある。

NM3・1　安全な社会システム

大量のデータとこれによる科学は、脅威の予測を可能にし、安全で経済性の高い高度な社会インフラ（水、農業、気象、交通等）の基盤となる。

社会インフラにおけるさまざまな新しい技術や新しい運用方法の開発を進めるには、これに関する仮説検証を行うための現場が必要である。このために、国家レベルの社会実験のテストベッド（実証実験を行う場）を構築し、そこでの大量のデータ取得と活用実験により、科学的根拠をともなった社会システムとサービス事業の基盤を実現したい。

NM3・2　国境を越えるリスク管理組織

科学的データの横断的収集・分析により、国境を越えて世界の安全性確保やリスク管理を支援する組織が必要ではないだろうか。これをここでは仮に「安全支援隊」と呼ぼう。災害や事故や気候変動による被害など、世界には大きなリスクがある。防衛力以外の方法でも、日本が、世界の安全に貢献しプレゼンスを向上させる方法はないだろうか。大量のデータとこれによる科学的知見により、安全な世界を主導する道があるかもしれない。

NM4　科学技術の再構築

大量データを活用する社会のためには、それにふさわしい科学技術の方法論を再構築する必要がある。

NM4・1　人間・組織のデータアーカイブ

社会や人間に関する科学の発展のため、社会資産として全人類に関するデータのアーカイブセンタの構築が重要になる。まだその具体的活用方法は確立されていないが、収集されたデータを、幅広い研究者や社会イノベータが活用することで、その活用方法も明らかになっていくと期待される。

我々は、先行例として、ウエアラブルセンサで取得した大量のデータを非営利の研究用に開放し、人間科学の振興を目指す取り組みである「ワールド・シグナルセンタ」（著者がセンタ長を兼任）を開設している。

NM4・2　大量データ活用技術の標準化主導

大量データを幅広い人たちが活用（センシング、解析、予測）するには、活用するためのインタフェースなどを規格化・標準化する必要があろう。ここで世界を主導する動きを日本から創れないか。上記のデータアーカイブの実現とあわせて幅広い社会イノベーションに波及効果の大きなものとなろう。

NM5　経済の再構築

大量データを活用すれば、経済の捉え方も変わる。特に、天然資源（木や水）の保全や人々の幸福感を考慮した新しい経済評価の「ものさし」（経済指標）を確立することができるのではないか。これは地球規模の問題（南北問題等）の人々の認識や潮流にも影響を与える可能性がある。表面的な経済指標を超えて、その背後にある制約や拘束条件に迫る理解が可能な評価指標にならないだろうか。これにより科学的な世界経済の状況認識ができる時代の到来することを期待する。それが、多様な国家や個人に貢献の機会を高め、世界の発展を促すのではないだろうか。

まとめ――人の生命力の躍動

以上が「直島宣言」の10項目である。短期間のワークショップでまとめたものではあるが、32名の多様な専門家が集中して導き出したこの「直島宣言」には、未来を捉える上で重要な要素が盛り込まれている。大量データを活用する科学技術により、社会の重要問題に対し、これまでとは異なる形で科学的なアプローチが進められる姿が描かれた。

科学技術の発展や進化は、植物の成長に学ぶところが大きい。植物は、遺伝子という設計思想を維持しつつ、一方で、環境と相互作用しながら即興的に具体構造を決めていく。その出発点になるのが「種《たね》」である。「学習する組織」の泰斗ピーター・センゲ氏はいう。「種《たね》は木が育つのに必要な資源をもっていない。資源は木が育つ場所の周囲——環境にある。だが、種は決定的なものを提供する。木が形成され始める『場』[5]である。水や栄養素を取り入れながら、種は成長を生み出すプロセスを組織化する。」

21世紀が大木として育つために、「種」としての「直島宣言」とエネルギー循環プロセスとしての「データの指数拡大の法則」が、複雑な社会問題の解決に向けた動きを牽引することを期待したい。

あとがき

本書の執筆を終えるにあたり、私個人が、自分の人生にセンサやデータをどう活用しているかを紹介したい。

ドラッカーは、効果的なナレッジワーカーやマネジャーになるためには、時間管理が鍵であることを指摘した。具体的には、自らの時間の使い方を細かく記録し、それを分析することによって、時間の効果的な使い方を見出すことを勧めた。

ここで、重要なのはリアルタイムの記録であるという。

……記憶によって後で記録するのではなく、リアルタイムに時々刻々を記録することである。

継続して時間の記録をとり、その結果を定期的に毎月見ていかなければならない。(中略)そして記録を見て、日々の日程を再検討し、組み替えていかなければならない。半年もたてば、仕事に流されて、些事に時間を浪費させられていることを知るに違いない。

時間の使い方は、練習によって改善できる。しかし、時間の管理にたえず努力しないかぎり、仕事に流されることになる。

（ピーター・ドラッカー『経営者の条件』上田惇生訳、ダイヤモンド社）

私は、ドラッカーの教えに従うべくこれを実践しようとしたが、「リアルタイムの記録」が現実には案外むずかしい。

これを解決したのが、名札型のウエアラブルセンサであり、このための最強のツールと思っている。名札型のセンサには、人との面会、場所、環境の音量、集中度、体の姿勢、温度、照度などの記録をリアルタイムに残す。私はこの詳細な記録をヒントに、毎日翌朝に、昨日、いつどんなことに時間を使ったか記載している。週末には、過去2週間分を俯瞰し、見直すことで、自分の時間の使い方を再検討して組み替えることができる。

具体的にはドラッカーに従って以下の3つを検討している。第1に「する必要のない仕事」を特定し、排除すること。第2に「他の人でもやれること」を見つけ、やってもらうこと。第3に「自分のコントロール下にある自由な時間」は実は記録してみると驚くほど少ないことを認識し、そのような時間をひとまとめにして、重要な成果を生むことに使うことである。

これは私の仕事の生産性と人生の質を高める原動力になっている。

さらに収集された大量のセンサデータを日々見ているうちに、今日の自分の状況にあったアドバイスを自動で生成できないかと考えた。数年の時間を要したが、このアドバイスシステムの開発にすでに成功しており、これを「ライフシグナルズ」と呼んでいる[1]。私は、これを毎日活用している。いつでも相談できる自分専用のアドバイザーがついているようなもので、もうこれなしの生活は考えられないほどだ。

「ライフシグナルズ」の考え方を簡単に紹介しよう。まず行ったのは、人生・生活のわずかな変化の兆候をウエアラブルセンサでシステマティックに捉えることである。人生や生活には、本人も気づかないうちに変化があるが、その変化は、睡眠時間の増減や、歩行時間の増減などの数値に投影されている。これを抽出するため、センサのデータから、生活の変化を代表する6つの特徴量を特定し、それが前日と比べて増えたか減ったかの二つに分類することによって64個（2の6乗個）の生活変化のパターンを特定した。この64個のそれぞれのパターンを経験したその日に、どんなことに配慮すればよかったかを振り返り、その場で作成した自分へのアドバイスを記録していった。これにより、過去に同じパターンを経験したときに自分に対して行ったアドバイスが、次回からは自動で呼び出されるシステムができるわけである。あらゆるパターンをすべて経験するには数年が必要だった。長期の地道な作業が続いたが、遂にすべてのパターンに対するアドバイスを構築できた。世界に類を見ない人生のあらゆる変化に関する体系化されたアドバイスのデータベースができた（おもしろいことに、私のこの話に興味を持った人たちが、この私の経験をもとに作成したアドバイスシステムを使って大変気に入ってくれている）。

このようにして、直近の生活パターンの変化を考慮して、今日の私へのアドバイスを生成する「ライフシグナルズ」というシステムが開発できた。

このシステムの最大の特徴は、テクノロジーを活用して、人が過去の経験に学ぶ力を増幅することにある。実は、今書いているこの文章にも、このアドバイスが活きている。今日は「仮に緊張する状況になっても、ぶれずに前に進め。思い切って踏み出せ」というアドバイスが出ていた。この「あとがき」の内容は、執筆すべきか迷う部分もあったが、アドバイスに従い、ぶれずに前に進むこととした。私の人生は、このシステムの提供するアドバイスにより大きく変わったと思う。

このようなセンサを活用したライフマネジメントとその楽しみについて書けばそれだけで一冊の本ができるので別の機会に譲りたいが、いずれにせよ、社会や人生とテクノロジーとの関係は、今大きく変わりつつある。その影響は、すでに、私の毎日の人生に具体的に起きている。この本の執筆が実現したのも、このウエアラブルセンサを活用したタイムマネジメントに負うところが大いにある。さらに、センサの活用は、下記の多くの方々との出会いにも大きく影響している。その意味で、本書は、大量のデータ活用が生み出した本ともいえる。

　本書をお読みいただき、今起きつつある変化に関して、読者に何か知的な刺激があり、それが日本を元気にする一つのきっかけになるならば著者としてこれにまさる幸せはない。


　この本の執筆は、多くの方々のご支援や協力があって初めて可能になったものであり、ここで心から感謝したします。

　特に、組織計測の対象として、ここには書ききれないほどの多くの方々のご協力がなければ、本書の執筆は実現できなかったものであります。ここに心から御礼を申し上げます。そのなかでも、コールセンタにおける計測や分析において、長谷川智之氏、金坂秀雄氏に、組織改革やワークスペースへの適用に関して、谷内田孝氏、黒田英邦氏、杉本有俊氏、佐藤直基氏には、大変お世話になりました。ここに感謝を申し上げます。

　ハピネスに関する共同研究では、カリフォルニア大学リバーサイド校のソニア・リュボミルスキ氏とジョー・チャンセラー氏に、フロー状態に関する共同研究では、クレアモント大学のミハイ・チクセントミハイ氏とジーン・ナカムラ氏に、名札型センサとそれを活用した米独での実証実験に関してはマサチューセッツ工科大学のサンデイ・ペントランド氏、ジョー・パラディーソ氏、トム・マローン氏、エリック・ブリニュルフセン氏、ピーター・グロア氏、石井裕氏、ソシオメトリックソリューション社のベン・ウエーバー氏とダニエル・オルグイン氏に、人と人とのコラボレーションに関してはIMECのフランキー・カトーア氏に、身体行動の理解に関しては東京工業大学の三宅美博氏に、コンピュータと情報の意味づけに関しては、東京経済大学の西垣通氏にご協力をいただきました。ここに慎んで御礼を申し上げます。

また、直島宣言は、荒川文男氏、荒宏視氏、伊藤晶子氏、内山邦男氏、梅室博行氏、大石基之氏、岡田健一氏、甲斐康司氏、金田康正氏、倉田成人氏、黒田忠広氏、齋藤敦子氏、桜井貴康氏、佐藤直基氏、妹尾大氏、高橋真吾氏、高安秀樹氏、高安美佐子氏、竹内健氏、野村恭彦氏、西田佳史氏、濱崎利彦氏、広瀬佳生氏、藤島実氏、前田英行氏、増田直紀氏、松岡俊匡氏、安本吉雄氏、山口裕幸氏、吉本雅彦氏、鷲田祐一氏の協創によって生み出されたものです。またこの方々には、直島宣言以外にも様々な機会に、本書に至る議論や刺激をいただいており、ここに感謝の意を表します。

本書で紹介した研究開発においては、日立の研究開発グループや事業グループの、この紙面では挙げきれないほどの多くの方々に、ご指導やご支援をいただきました。この場を借りて御礼申し上げます。その中でも、本書で紹介した研究を、直接一緒に行い、論文の共著者にもなっていただいている森脇紀彦氏、荒宏視氏、佐藤信夫氏、渡邊純一郎氏、大久保教夫氏、早川幹氏、脇坂義博氏、辻聡美氏、秋富知明氏、福間晋一氏、栗山裕之氏、田中毅氏、愛木清氏、河本健氏、山下春造氏、堀井洋一氏、藤田真理奈氏に改めて感謝いたします。

ウエアラブルセンサ技術の事業開拓を通して、本書に記載した発見や洞察は発展してきました。これに関しては、大林秀仁氏、久田眞佐男氏、松坂尚氏、日置範行氏、瀧勉氏、須崎喜久雄氏、柴田修達氏、小野貴司氏、石橋望氏、一関陽平氏、佐藤一彦氏、浅田直行氏、竹内香織氏、荒木桂一氏、清水健太郎氏との議論やご支援に大変お世話になりました。

また長年にわたる佐藤彰君、後藤久雄君、渡部武君、天国の佐々木伸君と議論の中で本書のヒントをたくさんいただきました。ここに心から感謝いたします。

遅遅として進まない原稿を長期にわたり激励し、また読みやすくしていただいた草思社の久保田創氏に御礼を申し上げます。

最後に、常に支えてくれて、インスピレーションを与えてくれた妻の史子と娘の麻子、柚子に感謝します。

著者による解説

単行本『データの見えざる手』[1]を2014年7月に上梓して3年半経ち、本書で論じた潮流は、より大きくなり具体化した。

急発展するビッグデータや人工知能分野に関する記述は、すぐに陳腐化する恐れがある。多くの書籍は実際にそうなっている。

今回、文庫化にあたり、そのような陳腐化への危惧を持って、本書を読み直してみた。幸いなことに『データの見えざる手』で論じたことは、今もまったく陳腐化していないように見えて安心した。

もちろん、この3年半に多くのことが起き、今も日々起きている。「著者による解説」では、これを振り返りつつ、本書と関連付けることで、意味を深められればと思う。

ここでは2つの観点から論じてみたい。第一は「人工知能(AI)と人間との関係」。第二は、「人のハピネスやウエルビーイングへの関心」である。

人工知能と人間との関係：ルール指向からアウトカム指向へ

この3年半で最も目立った動きはＡＩへの急速な関心の高まりであろう。ＡＩという言葉が流行語になり、新聞でもネットでも、人工知能、あるいはＡＩという言葉を見ない日がないほどになった。

特に、ＡＩが「人の労働を奪う」という危機感を煽るような記事や書籍が大量に出るようになったのは3年前にはなかったことである。

私はこの「ＡＩによる労働代替論」は間違っていると考えている。すでに本書の第5章では、人工知能と人の労働との関係を論じた。そこでは従来の20世紀型のマシンが人の労働を置き換える役割を持っていたのに対し、ＡＩを活用した新時代のマシンは、そもそも労働を置き換えるものではなくなることを指摘した。

3年経って、今ではＡＩを活用した新時代のマシンが日々の業務に活用されはじめている。その姿を現実に目の当たりにする中で、ますます私は自分の考えに確信を深めている。

それでは、新たなマシンの役割とは、労働の代替でないならば、何であろうか。

この疑問について考えるさいに、まず理解しなければならないのは、20世紀型のマシンで十分だった時代とは、解くべき課題が変わったことである。

第5章で述べたとおり、20世紀の経済発展の原動力となったのが、フレデリック・

テイラーに始まる業務の標準化やマニュアル化である。これは大量生産という時代の要請とマッチし、大きな成果を上げたため、「正しいのは、ルールを決めてそれを繰り返し守ること」という考え方が広まっていった。生産性を上げるには、標準化と複製（あるいはN倍化）が必要と多くの人が信じるようになったのだ。この「ルール指向」は、仕事のやり方にとどまらず、社会や組織の運営にまで影響を与えてきた。

さらにこれを発展させたのがコンピュータであった。ソフトウエアにルールを記述することで、コンピュータは、その記述どおりに処理を高速かつ低コストで実現する。ここでいうルールとは、たとえば銀行での送金に対する課金であり、工場生産での部品発注の取り決めである。このルール指向は、20世紀という、道路、鉄道、通信、家電などの社会のインフラ構築が大規模に行われた時代に合ったものだった。

しかし、今や時代は大きく変わった。需要は多様化し、短期で変化し、またその変化やそれに伴うリスクも予測不能になった。このような変化をルールでもれなく記述するのは、組み合わせが無限にあり、事実上不可能である。

すなわち今こそ、ルール指向の方法論から大きく転換すべきときなのだ。

実は、このルール指向からの脱却という、新しい時代の要請に応えることに最も苦労しているのが、日本である。なぜならば、ルール指向を徹底して実践し、その結果最もめざましい成功をおさめたのが日本だったからである。過去の成功体験が未知の状況において誤った判断に導くことを「過学習」と呼ぶ。まさに日本はこの「過学習」が強く現れた状態にある。これが日本が他の国に比較し、この20年極めて低い経済成長しかできなかった最も大きな理由である。

このようなルール指向が無力となった現状を突破する切り札が「アウトカム（成果）指向」である。ルールやプロセスから目線を上げ、アウトカムに注力することの重要性はすでに本書に記した。3年経って、ますますこのことの重要性が明らかになってきた。

事業には社会的な使命がある。この使命の成否は、その成果、すなわちアウトカムが実現されたかによって測られる。企業では、業績に関係するものになるし、医療では患者の回復効果などがアウトカムになる。

アウトカム指向では、まず成果をどんな数字で測るかを決める。一方で、その実現手段は、状況に合わせて柔軟に変える。これにより変化や多様性に適応する。予め決められたルールのとおりに動くのではなく柔軟な対応を奨励するので、ルール指向とは発想の転換が必要である。

このアウトカム指向で新たに必要となるのが「実験と学習」である。ルールのない未知で不確実な状況で、何が効果的かはやってみないとわからないことが多い。考えているだけではなく、打席に立たなければ向上はできない。「実験と学習」とは固定的なルールに代わり、常に結果から「判断基準」を改善し、自らを研ぎ澄ましつづける営みである。

もちろん、現実の顧客への責任を伴う事業活動においては、「実験」の機会は限られる。だからこそ、その実験のかなりの部分をコンピュータ上において行うことで、現実の実験での成功確率を高め、リスクをマネージすることが求められる。このコンピュータ上でのデータを使った「実験場」の役割を担うのがＡＩである。

この実験場たるＡＩの具体的な姿とはいかなるものか。現代では、ＩＴシステムや設備システムには日々データが蓄積されている。たとえば、調達システムには過去の見積もりから納入にいたる業者ごとの記録が、販売システムには顧客ごとの購買の履歴が記録されている。これらの記録の中に、先週と今週の変化、顧客Ａと顧客Ｂの違いが表れている。

ここで過去のデータを丹念に見ると、雑多に見えるデータに隠れた一貫性がある。一見「ばらつき」のように見える変化も、その変化は常に他の事象に影響を及ぼし、そしてアウトカムに影響する。過去の記録にあまねく目を通すことで、こういう条件のときに、このアクションをとるとアウトカムが高くなる（あるいは低くなる）という一貫した関係が見えてくる。過去のあらゆる行動が、未来に対する実験場での実験データとして発見と学習の源になる。

ここで見つかったパターン群は、理論や仮説ではない。過去の事実である。この事実を活用し、判断基準を常に見直し、変動に合わせて対応を変えることで、変化に柔軟に適応することができる。

このアウトカム指向の方法論は、以前ならコストがかかりすぎて現実的ではなかった。しかし、すでに大量のデータを蓄積するインフラがあることに加えて、コンピュータの進歩により、現実的になってきたのである。これが予測不能な変化や多様性に向き合う新たな方法論であり、これを具現化したのがＡＩと呼ばれている概念の本質である。

このアウトカム指向はもう実践されており、実績が出ている。我々がすでに提供している人工知能（「Hitachi AI Technology/H」）は、アウトカム指向を幅広い分野で実現するために開発したものだ。[2] 本書でもその初期の事例を紹介したが、その後、適用事例は大幅に拡がり、銀行、証券、物流、流通、水、鉄道、営業、人事などの幅広い分野に適用され、適用案件数は60件を超える。

ここまでの議論をまとめよう。変化や多様性に柔軟に対応するという新たな時代に最も重要なことは何か。それは目的を明確にすることである。そして、目的の達成を具体化する成果（アウトカム）を明確にすることである。すなわち「プロセスやルールをきちっと守っています」というのを言い訳にせず「結果で勝負する」ということである。結果のためには、手段は状況に合わせて柔軟に変える。これを可能にするのがＡＩとデータである。アウトカムという目的があって、初めてＡＩやデータという道具が生きる。

ＡＩについての議論には、以上のような前提を踏まえることが必要だ。その意味で、ＡＩという技術や道具から出発した議論は誤った結論に陥りやすい。手段と目的がひっくり返った議論になりやすいからである。

技術は常に世の中の課題に応えるためにあることを忘れてはならない。実は、このスタンスが貫かれている書籍や専門家の発言は意外に少ない。私は、この点で常にぶれないでいたいと考えてきたし、ある程度はそれができていると思う。これが本書単行本の出版以降、多くの会社経営者にこのデジタルディスラプション（デジタルによる創造的破壊）の時代における経営の舵取りについて相談をいただいたり、多数の講演を依頼されたりするようになった大きな理由だと思う。

同じようなことは「オープンイノベーション」や「コネクテッドインダストリ」といった概念についてもいえる。これまでの枠を超えて「つなげる」ことを奨励する概念・言葉が、この3年ますます語られるようになった。しかし「つなげる」こと自体は目的にはなり得ない。むしろ、アウトカムのために、それまでの枠を気にせず、すなわち手段を選ばず、使えるものは何でも使うのが「オープンイノベーション」や

「コネクテッドインダストリ」の本質である。アウトカム指向という背骨のない「オープンイノベーション」や「コネクテッドインダストリ」は、ただの経営資源の拡散になりかねない。

このような文脈で考えれば、ＡＩはマシンでもアルゴリズムでもない。ＡＩの本質は「不確実性に向き合う人間の方法論」である。そして、この新しい方法論を具現化する道具がソフトウエアとしてのＡＩである。

ここで最初の疑問、「新たなマシンの役割とは、労働の代替でないならば、何であろうか」という問いに戻ろう。

ＡＩが置き換えるのは、人の労働ではない。従来我々が頼ってきた「ルール指向」という考え方やそれを支える仕組みを、「アウトカム指向」に置き換えるのである。そのような置き換えが起こるのは、我々が求めるものや需要が、一律の標準化されたモノやサービスから、個別性や多様性が高いものに変わったからである。ルール指向からアウトカム指向への変革は、労働の変化も起こすであろう。しかし、それはＡＩが起こしたのではない。我々の求めることや需要の変化がもたらしたものである。

この大きな流れが起きつつあり、今後さらに大きくなることに関して、私の確信はこの3年間、日々強まっている。

人のハピネスやウエルビーイングへの関心

第二の重要な変化は、ハピネスやウエルビーイングへの関心が日々高まっていることである。本書の第2章ではハピネスを論じた。本書単行本刊行の時点では兆しに過ぎなかった動きが、現在では本格的に拡大しはじめている。

2017年11月、人事関係者向けのイベントで、「従業員が幸せになれば、生産性が向上する」というパネルセッションが都内で行われた。数百人の会場を満杯に埋め、私も登壇させていただいた。従来、会社の労務や報奨などの制度を手堅く構築し、それを社員に守らせることを生業にしていた人事関係者が「従業員の幸せ」に関心を持ちはじめているのは、最近起きた大きな変化である。

これには、日本政府による「働き方改革」の影響もある。しかし、より本質的には、上記のアウトカム指向と強い関係がある。AIが社会に広く使われる時代には、何をアウトカムにするかに、人はこれまでより強く関心を持たざるを得ないからである。社会や組織や個人が本当に求めているもの、目指すべきものは何なのかに、関心が高まっているからではないか。

社会にとって最も重要なアウトカムは何か。古今、最上位に位置づけられるのが人の「幸せ（ハピネス）」である。したがって、アウトカム指向の理想の形は、「幸せ」を定量化し、人々の幸せというアウトカムの向上を目指して、さまざまなデータから幸せを高める方法を見つけることである。

とはいえ、幸せというあまりに漠としている概念を定量化し、アウトカムに設定することは可能なのだろうか。

我々は、過去10年間にわたり、人間行動をウエアラブルセンサにより計測して解析してきた。そこからハピネスに関する定量的な知見を集め、これを科学的に論じられるまでにいたらしめた。そのことは、本書の第2章に述べたとおりである。

さらに、本書単行本の上梓後に、ブレークスルーとなる大きな発展があった。人の幸福感は、加速度センサによる身体運動のデータを用いることで、客観的に計測と定量化が可能なことを発見したのだ。[3-6] ここで言う身体運動とは、座っている人にも見られる、ごくわずかな動きと静止の遷移による無意識のパターンのことである。運動の量とは関係がない。このような無意識の動きのパターンを数値化した指標と、人の幸福感の質問紙による調査とが、非常に強い相関を示すことが発見されたのだ。

しかも、幸福な人たちは、コールセンタでも、店舗でも、開発プロジェクトでも、一貫して生産性が高いことが実証されている。[2-8]

なぜ、幸福な人たちは生産性が高いのだろうか。2016年に報告されたスマートフォンを使った大規模実験がその理由を明かしている。[9] 被験者は、アプリから時々「今何をやっているか」「今どんなムードか」を聞かれる。「いいムード」と答えた人に、その数時間後までに増えた行動を調べると「楽しくなくても大事なこと」が増えていた。大事なことには、楽しくない側面があるのが普通である。実は「幸せ」は「大事なこと」に挑戦するための精神的な「原資」になっていたのである。すなわち「ハピネス」は、アウトカムとして設定すべきものであると同時に、我々の活動の原資でもあるのだ。

人の活動には経済的な原資が必要だ。明かりを灯すのにも、移動するにも、食事するにも、経済的な原資なしに我々は活動できない。経済的な原資の源は2つしかない。事業活動からの「プロフィット」か、「自然からの搾取」である。これがプロフィットとそれを集計したGDPが、社会の最も重要な尺度になっている理由である。しかし、お金だけでは原資として不十分だ。精神的な原資としての「幸せ」が必要なのである。

この究極のアウトカムであり原資でもある「ハピネス」の数値とAIを組み合わせることで、システマティックに人や社会の幸福を高めるヒントを得ることができる。すでに、この原理により、どういうコミュニケーションや時間の使い方をすれば、ハピネスが高まるかを解析するAIシステムを開発し、サービスを提供している。このサービスは、本書『データの見えざる手』単行本刊行以降の3年間に、すでに30を超える会社に導入されている。

この大量の定量的なデータにより、さらに重要なことが明らかになった。それは「どうすれば幸せになれるか」は、人ごとに異なり、一律に全員に当てはまる法則性はないことである。

幸福の議論では「幸福という状態」のことと「幸福になるための方法」のことがしばしば混同される。たとえば「一人になることで幸せになる人」がいる一方で、「たくさんの人の中にいることで幸せになる人」もいる。これは「幸せのための方法が人によって違う」と考えるべきで、「幸せ」自体が人により違うのではない。山登りのさいに、高度計で一律に人の高さが測れる一方で、どうやればより効果的に登れるかが人ごとに異なるのと同じである。位置、天候、経験、体力、性格などの違いにより、どうすればよいかは異なってくるのである。

我々は、幸せになるための普遍的な方法があり、古今の「幸福論」にはそれが書いてあると考えがちだ。しかし実は、幸せになるための行動は一人ひとり違うことが科学的なデータから明らかになったのである。AIは、人ごとに状況ごとに、どうすれば幸せになれるかの事実を記録から紐解き、示してくれる。

このように、ハピネスに関する科学的知見は、本書単行本の上梓後も急速に積み重なっている。これについては、この「著者による解説」だけでは書き切れないので、次の拙著で皆さんにお伝えしたいと思う。

いずれにせよ、従来、哲学や宗教の話題とされてきた「ハピネス」に、ビジネス関係者が本気で関心を持ちはじめている。このような動きは今後ますます拡大すると思われる。

我々が向かう方向：新たな社会の進化

以上の「人工知能と人間」「人のハピネス」に関する議論をあわせると、さらに重要な帰結が改めて明らかになる。それは「技術が社会に多様性を生み出す」という潮流である。

ハピネスというアウトカムのために一貫してAIを活用することで、人はそれぞれの状況や強みに応じて、多様に発展することが可能になる。これは従来のコンピュータのソフトウエアが使用者を一律に標準化してしまうのと、著しく異なる。

人がハピネスをアウトカムにする場合だけでなく、企業が収益をアウトカムとする場合でも、この特徴は同じである。従来のオートメーションは、いろいろな会社が導入することで、結局はライバルと差がつかなくなるものだった。AIを含めた今後の技術ではそうはならない。企業はそれぞれ異なる経営資源と制約を持っている。まったく同じAIというソフトウエアに、異なる問題設定と異なるデータを入れることで、AIは企業ごとにまったく異なる動作を生み出す。したがって、企業それぞれの特徴と強みを生かして、多様な発展が可能になるのである。

これはちょうど進化に似ている。進化という創造のエンジンは、過去40億年にわたり、地上に多様性をもたらしてきたこの世の理《ことわり》である。ダーウィンは「進化とは多様性を生む」もので、一律な進歩ではないことを『種の起源』で強調している。人類はAIを通じて、ようやく「この世の理によりそった方法論」にめざめつつあるのだ。

ルールやプロセスをきっちり守ることで生み出される高い生産性によって富を生み出し、この富を社会に再分配することで、次の挑戦の原資にする。これが20世紀の幸福の方程式だった。この方程式により世界で最も成功した国の代表、それが日本だった。しかしルールに頼る中で、多くの人の学習回路は停止してしまった。

一方、AIという「未知への方法論」で武装した21世紀の我々は、これまで縛られてきた杓子定規なルールから解放される。

我々は今「ルールからの解放」という新たな社会の段階の入り口に立っているのではないだろうか。AIという学習と創造のエンジンを備え、持てる資源と制約の中で、多様性を生み、独自性を伸ばし、そして地球と社会に繁栄をもたらしていく。

この新しい時代を、次の書籍で描《えが》いてみたいと考えている。それは今後100年にわたる「ルールからの解放運動」を宣言するものにしたいと考えている。

その機会にお読みいただければ幸いである。

２０１８年２月

矢野和男

［1］矢野和男『データの見えざる手――ウエアラブルセンサが明かす人間・組織・社会の法則』草思社　２０１４年
［2］矢野和男「人工知能という希望――ＡＩで予測不能な時代に挑む」日立評論　２０１６年４月号　12〜32ページ
［3］矢野、荒、渡邉、辻、佐藤、早川、森脇「ウエアラブルセンサーで『ハピネス』は定量化できる――『データの見えざる手』がオフィスの生産性を高める」ダイヤモンドハーバード・ビジネス・レビュー　２０１５年3月号　50〜61ページ
［4］K.Yano,T.Akitomi,K.Ara,J.Watanabe,S.Tsuji,N.Sato,M.Hayakawa,and N. Moriwaki, Profiting from IoT:The key is very-large-scale happiness integration, 2015 Symposium on VLSI Technology,pp.C24-C27,June 2015
［5］矢野和男「人工知能は組織とコミュニケーションをどう変えるか」組織科学　Ｖｏｌ．49（4）２０１６年　41〜51ページ
［6］辻聡美、佐藤信夫、矢野和男「職場を測る――社員個別の力を引き出すセンサ技術応用：計測に基づく人材活用マネジメントの提案と実践」精密工学会誌　Ｖｏｌ．83（12）２０１７年　１１０９〜１１１６ページ
［7］Watanabe,M.Fujita,K.Yano,H.Kanesaka,and T.Hasegawa,Resting time activeness determines team performance in call centers.ASE/IEEE International Conference on Social Informatics（Social Informatics）2012,pp.26-31,doi:10.1109/

[8] K.Yano,S.Lyubomirsky,and J.Chancellor,Sensing happiness:Can technology make you happy? IEEE Spectrum,pp.26-31,Dec.2012

[9] M.Taqueta,J.Quoidbachb,Y.-A.de Montjoyec,M.Desseillesf,J.J.Grossg: Hedonism and the choice of everyday activities,PNAS,113（35）pp.9769-9773, Aug. 2016

注

第1章

（注1）

指数関数とは、$y=a^x$（xは実数の変数、aは定数）の形で表される関数のこと。xが1、2、3……のように一定間隔で変化するとき、yはa, a^2, a^3……のように変化する。

（注2）

ここでは「累積確率分布と確率密度分布の違い」と、「分布の名称」について、補足しておきたい。

U分布の説明（たとえば図1－1）では、縦軸を累積値とした累積確率分布が指数関数となり「右肩下がり」になることを説明した。実は、U分布は、確率密度分布も「右肩下がり」の指数関数である。これは、累積確率分布を微分したものが確率密度分布であり、指数関数は微分してもやはり指数関数だからである。一方、正規分布を表す釣り鐘型のグラフは、確率密度分布を表しているので、両者を比較する場合はその点に注意が必要だ。

分布の名称について、疑問を持たれた方もいるかもしれない。前述したように、物理現象の説明（物理学）には、このような「右肩下がり」の分布が頻繁に用いられてきた。ミクロな原子の1個1個に、熱エネルギーが配分される分布が、同じ右肩下がりの形をしている。このときの横軸は、物質を構成する原子の熱エネルギーであり、これは「ボルツマン分布」と呼ばれている。これと同じ形の右肩下がりの分布が、人間行動や社会現象のビッグデータに頻繁に現れるのだ。ただし、その横軸は多様であり、今回の人間行動の計測データでは「1分間の腕の動きの回数」だった。これを本書ではU分布と呼んでいる。統計分布の関数形についてご存じの方は、これを単なる指数分布（統計分布が指数関数で表される分布）ではないかと思われるかもしれない。しかし第3章で述べるように、U分布とは、イベントの頻度や密度で見ると「指数分布」であるが、イベント間の間隔の分布を見ると「べき分布」を示す物理的な実態を指しているもので、単なる関数形を称した名称ではない。その背後にある物理的な実態を表すものである。

（注3）

物質中で、熱エネルギーが各分子に分配されるときに、右肩下がりの分布「ボルツマン分布」になることを紹介した。物質を構成する分子は熱によって絶えず運動しているが、分子ごとに運動のスピード（すなわち、これが熱エネルギーに相当する）は、それぞれ異なる。多くの分子の熱エネルギーは低いのに対し、少数の分子のみが高い熱エネルギーを得る。横軸に分子の熱エネルギーをとり、縦軸にその熱エネルギー値以上のエネルギー値を持つ分子の数をとってグラフにすると、右肩下がりのグラフになるのだ。ただし、この右肩下がりの下がり方（傾き）は物質の温度によって変わる。温度が高い場合は、熱エネルギーの総量が大きく、エネルギーが高い原子の割合が多い。その結果、右肩下がりの傾きが緩やかになる。逆に、温度が低いというのは、エネルギーの総量が少ないため、右肩下がりの傾きが急であること、熱エネルギーの高い分子の割合が少ないことに対応する。この傾きの逆数を絶対温度と呼んでいる。

第3章

（注1）

U分布の特徴は、対象となるイベントの頻度（あるいは密度）に着目すると指数関数（これを数学的には指数分布と呼ぶ）に従う一方で、対象となるイベントの間隔に着目すると、「1／Tの法則」に従い、このイベント間隔の発生頻度は「べき分布」に従うところにある（これは、1／Tの法則に従ってイベントを発生させて、その間隔の頻度分布をとるとべき分布になるということだ）。前述のバラバシ教授や中村氏が論文で、べき分布として報告しているのはこのためである。

しかし、イベントの間隔がべき分布となる現象と、対象の頻度や密度がべき分布となる現象とは、まったく意味が違う。イベントの間隔がべき分布に従う現象は、より素直にイベントの密度を見れば「指数分布」に従う。このような実態を、著者は「U分布」と呼んでいる。

物質現象の世界では、平衡状態における物質は「ボルツマン分布」（エネルギーに関して指数分布を示す）に従うことが知られている。しかし、このボルツマン分布に従う、物理的な実態（たとえば粒子の分布）において、さまざまな物理量（たとえば隣の粒子との距離の分布）に関する統計分布の関数形を見れば、指数分布以外のさまざまな分布が現れる。しかし、それはボルツマン分布に従う物理的な実態であることには変わりない。その意味でボルツマン分布とは、数学的な指数分布を呼びなおしたものではなく、物理的な実態である平衡状態を表すものである。統計分布に関する文献における議論はこのことにより混乱しがちである。やや専門的になるが、原因は、数学的な関数形を指して「分布」と呼んでいる場合と、その物理的な実態を指して「分布」と呼んでいる場合があり、その二つの区別が認識されていないことにあると思われる。U分布は、このボルツマン分布を人間などの非物質現象に一般化したものであり、数学的な関数形を指すのではなく、物理的な実態を指すものとして用いている。U分布というのは指数分布のことではないのか、というような誤解を避けるために説明した。

第5章

（注1）

ボルツマンはミクロな気体分子の運動からマクロな気体の性質を導くことに成功した。これは統計力学という名前で物理学の一部として発展し、後に、その学問体系が1980年代ころから人工知能分野に転用されはじめた。この統計力学の体系を使えば、ミクロな構成要素の個別な動き（物理的には個別の粒子の運動）を仮に予測できなくとも、集団全体の性質は確率的に求められる（ここで、第1章で紹介したボルツマンが定義した「エントロピー」の概念が活躍する）。このシステムのあらゆる性質は、システムの基本方程式（たとえば、自由エネルギーと呼ばれる量を温度や体積の関数として表したものがよく用いられる）に反映され、この方程式があらゆる優先度判断（たとえば、物理システムでは、自由エネルギーの大小により、複数の状態の候補のうち、どちらが安定で、現実に生じるかを予測できる）を可能にする。

第4章

1 —— Lynn Wu, Benjamin N. Waber, Sinan Aral, Erik Brynjolfsson, and Alex (Sandy) Pentland, Mining Face-to-Face Interaction Networks using Sociometric Badges: Predicting Productivity in an IT Configuration Task, Proceedings of the International Conference on Information Systems. Paris, France. December 14-17 2008.
2 —— アニータ・ブラウン&デイビッド・アイザックス『ワールド・カフェ：カフェ的会話が未来を創る』香取一昭、川口大輔訳、ヒューマンバリュー
3 —— P. F. Drucker, Management: Tasks, responsibilities, practices, Harper Busines, New York, 1973（邦訳はP. F. ドラッカー『マネジメント：課題、責任、実践』上田惇生訳、ダイヤモンド社）
4 —— ベルギーのIMECのFrancky Catthoor教授からの情報提供による
5 —— 沼上幹、軽部大、加藤俊彦、田中一弘、島本実『組織の〈重さ〉：日本的企業組織の再点検』日本経済新聞出版社

第5章

1 —— K. W. Fischer, T. R. Bidell, (2006). Dynamic development of action and thought. In W. Damon & R. M. Lerner (Eds.), Handbook of child psychology (6th ed., pp. 313–399). Hoboken, NJ: Wiley.
2 —— 森脇紀彦、大久保教夫、福間晋一、矢野和男「人間行動ビッグデータを活用した店舗業績向上要因の発見」日本統計学会誌 シリーズ J 43(1)、69-83、2013
3 —— 矢野和男、渡邊純一郎、佐藤信夫、森脇紀彦「ビッグデータの見えざる手：ビジネスや社会現象は科学的に制御できるか」日立評論、95巻6/7号、pp432-438、2013

第6章

1 —— 矢野和男、広瀬佳生、竹内健、野村恭彦「21世紀の科学技術とグランドチャレンジを描く」日経エレクトロニクス、pp65-75、2010年8月
2 —— M. Weiser, The Computer for the 21st Century. Scientific American, September 1991
3 —— 梅室博行『アフェクティブ・クォリティ：感情経験を提供する商品・サービス』日本規格協会
4 —— G. Hamel, Moon Shots for Management, Harvard Business Review, pp91-96, February, 2009
5 —— P. センゲ他『出現する未来』高藤裕子訳、野中郁次郎監訳、講談社

あとがき

1 —— 矢野和男「ライフログ経験：センサが人生を変える」情報処理、50(7)、pp624-632、2009.7

tion model of activity level in workplace communication, Phys. Rev. E 87, 034801, March 2013
9 —— J. Fox, The Myth of the Rational Market, HarperCollins, 2009（邦訳はジャスティン・フォックス『合理的市場という神話：リスク、報酬、幻想をめぐるウォール街の歴史』遠藤真美訳、東洋経済新報社）

第3章

1 —— Y. Wakisaka, K. Ara, M. Hayakawa, Y. Horry, N. Moriwaki, N. Ohkubo, N. Sato, S. Tsuji, K. Yano, Beam-scan sensor node: Reliable sensing of human interactions in organization, Proc. 6th Int. Conf. Networked Sensing Systems,
pp. 58–61, 2009.
K. Ara, N. Kanehira, D. Olguín Olguín, B. Waber, T. Kim, A. Mohan, P. Gloor, R. Laubacher, D. Oster, A. Pentland, and K. Yano. Sensible Organizations: Changing our Business and Work Styles through Sensor Data. Journal of Information Processing. The Information Processing Society of Japan. Vol. 16. April, 2008.
2 —— A. L. Barabasi, Nature 435, 207-211, 2005.
A. L. Barabasi, Bursts, Dutton, 2010.（邦訳はアルバート＝ラズロ・バラバシ『バースト：人間行動を支配するパターン』塩原通緒訳、青木薫監訳、NHK出版）
3 —— T. Nakamura, K. Kiyono, K. Yoshiuchi, R. Nakahara, Z. R. Struzik, Y. Yamamoto, Universal scaling law in human behavior organization, Phys. Rev. Lett., 99, 138103, 2007
4 —— 三宅美博「医療・介護サービスにおける場づくりと共創的イノベーションに関する企画調査」 研究開発プログラム「問題解決型サービス科学研究開発プログラム」平成22年度採択プロジェクト企画調査終了報告書
野澤孝之、三宅美博「共創の場の評価」計測と制御、vol.51、no.11、pp.1064-1067
(2012)
5 —— 矢野和男、渡邊純一郎、佐藤信夫、森脇紀彦「ビッグデータの見えざる手：ビジネスや社会現象は科学的に制御できるか」日立評論、95巻6/7号、pp432-438、2013
6 —— M. Csikszentmihalyi, Flow: The psychology of optimal experience, Harper & Row, New York,1990（邦訳はM. チクセントミハイ『フロー体験：喜びの現象学』今村浩明訳、世界思想社）
7 —— K. Ara, N. Sato, S. Tsuji, Y. Wakisaka, N. Ohkubo, Y. Horry, N. Moriwaki, K. Yano, M. Hayakawa, Predicting flow state in daily work through continuous sensing of motion rhythm, INSS '09: Proceedings of the 6th International Conference on Networked Sensing Systems, pp145-150, 2009

参考文献

第1章

1 —— T. Tanaka, S. Yamashita, K. Aiki, H. Kuriyama, K. Yano, Life Microscope: Continuous Daily Activity Recording System with a Tiny Wireless Sensor, 2008 International Conference on Networked Sensing Systems (INSS 2008), pp162-165, 2008.
2 —— K. Yano, The Science of Human Interaction and Teaching, Mind, Brain and Education, Volume 7, Issue 1, pp19–29, March 2013
3 —— 矢野和男、渡邊純一郎、佐藤信夫、森脇紀彦「ビッグデータの見えざる手：ビジネスや社会現象は科学的に制御できるか」日立評論、95巻6/7号、pp432-438、2013
4 —— 下記の書籍の、粒子のやりとりによりボルツマン分布を導く方法を参照し、これを著者が社会行動に一般化した。大沢文夫『大沢流 手づくり統計力学』名古屋大学出版会

第2章

1 —— K. Yano, S. Lyubomirsky & J. Chancellor, Sensing happiness: Can technology make you happy? IEEE Spectrum, pp26-31, Dec. 2012
2 —— S. Lyubomirsky, The how of happiness: A new approach to getting the life you want, New York, Penguin Press（2008）（邦訳はソニア・リュボミアスキー『幸せがずっと続く12の行動習慣：自分で変えられる40%に集中しよう』金井真弓訳、渡辺誠監修、日本実業出版社）
3 —— S. Lyubomirsky, K. M. Sheldon, D. Schkade, Pursuing happiness: The architecture of sustainable change, Review of General Psychology 2005, Vol. 9, No. 2, pp111–131
4 —— Special Issue, The value of happiness: How employee well-being drives profits, Harvard Business Review, January-February 2012
5 —— H. J. Wilson, Wearables in the workplace, Harvard Business Review, September, pp23-25, 2013
6 —— J. Watanabe, M. Fujita, K. Yano, H. Kanesaka, T. Hasegawa, Resting Time Activeness Determines Team Performance in Call Centers, ASE/IEEE Social Informatics, Dec. 2012.
渡邊純一郎、藤田真理奈、矢野和男、金坂秀雄、長谷川智之「コールセンタにおける職場の活発度が生産性に与える影響の定量評価」情報処理学会論文誌、54(4)、pp1470-1479、2013
7 —— A. Pentland, The New Science of Building Great Teams, Harvard Business Review, April, pp60-70, 2012
8 —— T. Akitomi, K. Ara, J. Watanabe, and K. Yano, Ferromagnetic interac-

＊本書は、二〇一四年に当社より刊行した著作を文庫化したものです。

草思社文庫

データの見えざる手

ウエアラブルセンサが明かす人間・組織・社会の法則

2018年 4 月 9 日　第 1 刷発行
2022年 6 月29日　第 3 刷発行

著　者　矢野和男

発行者　藤田　博

発行所　株式会社 草思社

〒160-0022　東京都新宿区新宿 1-10-1
電話　03(4580)7680(編集)
　　　03(4580)7676(営業)
　　　http://www.soshisha.com/

本文組版　株式会社 キャップス

本文印刷　株式会社 三陽社

付物印刷　株式会社 暁印刷

製本所　大口製本印刷 株式会社

本体表紙デザイン　間村俊一

ISBN978-4-7942-2328-9　Printed in Japan